主编 欧阳自远

嫦娥书系

逐鹿太空
航天技术的崛起与今日态势

李必光 著

上海科技教育出版社

U0320106

嫦娥书系

主　编　欧阳自远

副主编　卞毓麟　邹永廖

编　委　(以姓氏笔画为序)

王世杰　王家骥　卞毓麟　李必光

陈闽慷　张　熇　邹永廖　欧阳自远

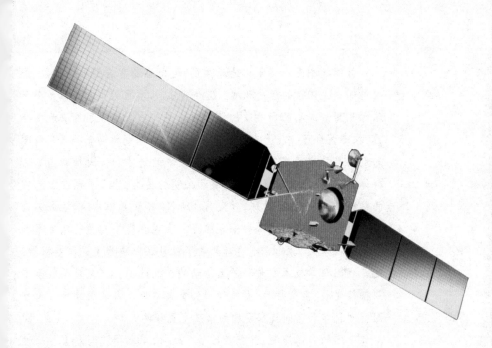

■ 主编的话

　　21世纪是人类全面探测太阳系的新时代。当代的太阳系探测以探测月球与火星为主线,兼顾其他行星、矮行星、卫星、小行星、彗星和太阳的探测;研究内容涉及太阳系的起源与演化,各行星形成和演化的共性与特性,地月系统的诞生过程与相互作用,生命的起源与生存环境,太阳活动与空间天气预报,防御小天体撞击地球及由此诱发的气候、生态的环境灾变,评估月球与火星的开发前景,探寻人类移民地外天体的条件等重大问题。

　　月球是地球唯一的天然卫星,是离地球最近的天体。自古以来,她寄托着人类的美好愿望和浪漫遐想,见证着人类发展的艰难步伐,引出了许多神话传说与科学假说。月球也一直是人类密切关注和经常观测的天体,月球运动和月相的变化不仅对人类的生产活动发挥了重大作用,还对人类科学技术的发展和文明进步产生了广泛而深刻的影响。

月球探测是人类走出地球摇篮，迈向浩瀚宇宙的第一步，也是人类探测太阳系的历史开端。迄今为止，人类已经发射110多个月球探测器，成功的和失败的约各占一半。美国实现了6次载人登月，人类获得了382千克的月球样品。月球探测推动了一系列科学的创新与技术的突破，引领了高新技术的进步和一大批新型工业群体的建立，推进了经济的发展和文明的昌盛，为人类创造了无穷的福祉。当前，探索月球，开发月球资源，建立月球基地，已成为世界航天活动的必然趋势和竞争热点。我国在发展人造地球卫星和实施载人航天工程之后，适时开展了以月球探测为主的深空探测。这是我国科学技术发展和航天活动的必然选择，也是我国航天事业持续发展，有所作为、有所创新的重大举措。月球探测将成为我国空间科学和空间技术发展的第三个里程碑。

中国的月球探测，首先经历了35年的跟踪研究与积累。通过系统调研苏、美两国月球探测的进展，综合分析深空探测的技术进步与月球和行星科学的研究成果，适时总结与展望深空探测的走向与发展趋势。在此基础上，又经历了长达10年的科学目标与工程实现的综合论证，提出我国月球探测的发展战略与远景规划，系统论证首次绕月探测的科学目标、工程目标和工程立项实施方案。2004年初，中央批准月球探测一期工程——绕月探测工程立项实施。继而，月球探测二、三期工程列入《国家中长期科学和技术发展规划纲要(2006~2020年)》的重大专项开展论证和组织实施。中国的月球探测计划已正式命名为"嫦娥工程"，它经历了2004年的启动年、2005年的攻坚年和2006年的决战年，攻克了各项关键技术，建立了运载、卫星、测控、发射场和地面应用五大系统，进入了集成、联调、试运行和正样交付出厂，整个工程按照高标准、高质量和高效率的要求，为2007年决胜年的首发成功，打下了坚实的基础。

中国的"嫦娥一号"月球探测卫星，为实现中华民族的千年凤愿,即将飞出地球,奔赴广寒,对月球进行全球性、整体性与系统性的科学探测。为了使广大公众比较系统地了解当今空间探测的进展态势和月球探测的历程,人类对月球世界的认识和月球的开发利用前景,中国"嫦娥工程"的背景、目标、实施过程和重大意义,上海科技教育出版社在三年前提出了编辑出版《嫦娥书系》的创意和方案,与编委会共同精心策划了《逐鹿太空》、《蟾宫览胜》、《神箭凌霄》、《翱翔九天》、《嫦娥奔月》和《超越广寒》六本科普著作,构成一套结构完整的"嫦娥书系"。该书系的主要特点是:

(1)我们邀请的作者大多是"嫦娥工程"相关领域的骨干专家,他们科学基础坚实,工程经验丰富,亲身体验真切,文字表述清晰。他们在繁忙紧张的工程任务中,怀着强烈的责任感,挤出时间,严肃认真,精益求精,一丝不苟,广征博引,撰写书稿。我真诚地感激作者们的辛勤劳动。

(2)"嫦娥书系"是由六本既各自独立又互有内在联系的科普著作构成的有机整体。其中《逐鹿太空——航天技术的崛起与今日态势》,系统讲述人类航天的艰难征途与发展,航天先驱们可歌可泣的感人故事;《蟾宫览胜——人类认识的月球世界》,系统描述人类认识月球的艰辛历程,由表及里揭示月球的真实面目,追索月球的诞生过程;《神箭凌霄——长征系列火箭的发展历程》,系统追忆中国长征系列火箭的成长过程并展示未来的美好前景,是一首中国"神箭"的赞歌;《翱翔九天——从人造卫星到月球探测器》,系统叙述中国各种功能航天器和月球探测器的发展沿革,展望未来月球探测、载人登月与月球基地建设的科学蓝图;《嫦娥奔月——中国的探月方略及其实施》,系统分析当代国际"重返月球"的形势,论述中国月球探测的意义、背景、方略、目标、特色和进程,是当代中国"嫦娥奔月"的真实史诗;《超越广寒——月球开发的迷人前景》,是一支开发利用月球的科学畅想曲,展现了人类和平利用空间的雄心壮志与迷人前景。

（3）"嫦娥书系"力求内容充实、论述系统、图文并茂、通俗易懂，融知识性、可读性、趣味性与观赏性于一体。

（4）"嫦娥书系"无论在事件的描述上还是在人物的刻画上，都力求真实而丰满地再现当代"嫦娥"科技工作者为发展我国航天事业而奋斗、拼搏、奉献的精神和事迹，书中还援引了他们用智慧和汗水凝练的研究成果、学术观点和图片资料。特别值得一提的是，书系在写作过程中还得到了他们的指导、帮助、支持与关心。虽然"嫦娥书系"作为科普读物，难以专辟章节一一列举他们的名字，书写他们的贡献，我还是要在此代表编辑委员会和全体作者对他们表示衷心的感谢和深深的敬意。

在这里我要特别感谢上海科技教育出版社精心的文字编辑和装帧设计，使"嫦娥书系"以内容丰富、版面新颖、图文并茂的面貌呈献给读者。我们相信，通过这一书系，读者将会对人类的航天活动与中国的"嫦娥工程"有更加完整而清晰的认识。

欧阳自远

二〇〇七年十月八日于北京

目　录

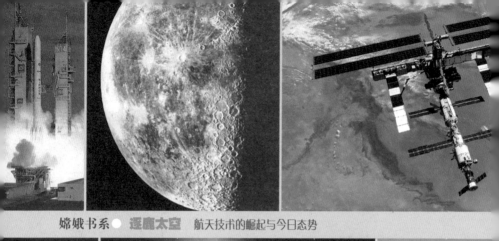

嫦娥书系 ● **逐鹿太空**　航天技术的崛起与今日态势

■ 前言

　　人类天生"不安分"，从具有思维的那一天开始，就对那片蓝色天空怀有无限的遐想，渴望着有朝一日可以翱翔太空，而不甘心安卧在母亲的摇篮里。这种对天空的渴望，首先是一个个美妙动人的幻想，然后是不畏牺牲的尝试，最后是锲而不舍的努力。

　　1900多年前的中国西汉时期，就曾经有人绑上鸟的翅膀做过飞行试验，结果没有成功；中世纪的欧洲人也做过跳塔扑翼飞行，但也没有成功。人们逐渐明白，简单的模仿鸟类飞行的做法，是根本无法使人升空的。

　　后来人们对飞行的探索，逐渐转向轻于空气的航空器，比如热空气气球、氢气气球，随后又转向重于空气的航空器，比如滑翔机和飞机。

然而所有这些飞行，并不能摆脱地球的引力，无法到宇宙中去领略无限风光。

为了挑战地球引力的羁绊，这个奋斗的过程十分漫长。

斗转星移，光阴荏苒。由于近百年来科技的发展，世上的一些强国才有可能在太空中较量争夺，同时带来了航天技术的大步发展。航天事业每前进一步，都给全世界带来新的成就和辉煌，让人们拥有更多的振奋和憧憬；但一次次的失败和牺牲，又让人们经受了太多的痛苦和悲伤。

的确，航天事业是又艰巨、又复杂、又冒险的。

但是，人类并不畏惧，天生对太空的向往和执著，使她永远不会停止征服宇宙的步伐。人类无限的求知欲望和不懈的探索精神，造就了波澜壮阔的航天奋斗史。

现在，就让我们来回眸人类走过的这段航天历程吧！

图 1-1　嫦娥奔月艺术图

第一章　人类早期的飞天梦

很久以前,人类就有飞出地球、探知太空奥秘和开发宇宙资源的愿望。我国古代的不少神话故事(图 1-1,图 1-2)便是突出的反映,最典型并且流传极广的就是嫦娥奔月了。国外也有类似的传说,例如古希腊神话中的代达罗斯 (Daedalus) 和他的儿子伊卡鲁斯 (Icarus)一同被囚禁在克里特岛。他用鹰羽、蜜蜡和麻线制成两对强有力的翅膀,带着儿子逃了出去。不料,重新获得自由的伊卡鲁斯越飞越高,双翼上的蜜蜡被太阳光晒融,结果掉进海里被淹死了。

科学幻想常常寓有科学的预言,能够启发人们作出重大的发明和创造。当科学技术发展到一定的时期,科学幻想就会变成现实。

中国火药以及中国火箭

火箭是中国古代的重大发明。

火药是火箭产生喷射能量的基础，而火药正是中国古代四大发明之一。

据考证，中华的先民约在 28 000 年前就发明了最原始的石镞弓箭。约在公元前 1 世纪，发明了硝雄体系火药，即硝石、雄黄混合剂火药。硝石、硫磺和木炭相混合的三元体系火药在隋代时形成，并在唐代达到完善。炼丹家孙思邈在公元 682 年的《丹经》中就有类似于

图 1-2　敦煌壁画中仕女飞天图

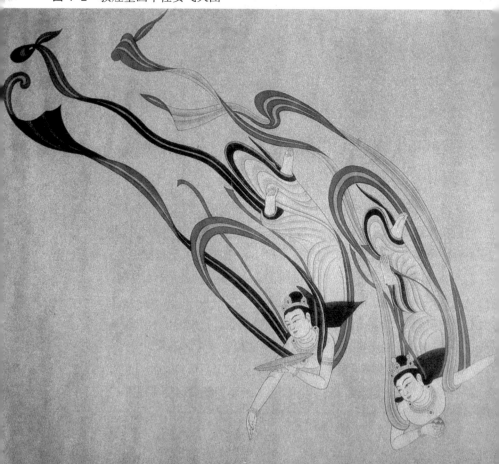

火药的配方。唐宣宗大中四年(公元850年)已出现用黑色火药制造的焰火,这应当是古代黑色火药火箭诞生的前奏。

火箭这个名称,在中国古代典籍中,最早记载出现在三国时期(公元220~265年)。兵家曾在多次战役中使用火箭攻之法。但当时使用的只是箭杆前部绑有易燃物,点燃后以弓弩射出的普通箭,即"燃烧箭"。

原始火药出现后,火箭迅速用于军事和娱乐活动。唐末宋初(公元10世纪)已经有火药用于火箭的文字记载。北宋军官冯继升、岳义方、唐福等曾向朝廷献过火箭和火箭法。曾公亮(公元998~1078年)等在《武经总要》中对火药鞭箭作过简略说明。这时的火箭只是用火药取代早期火箭用的易燃物,并由弓弩射出,还不是靠自身喷气推进的真正火箭。

公元10~13世纪,中华大地上战事频繁。军事需要推动了火药和火药武器的迅速发展。北宋的兵工厂已把火药制造放在第一位。火药的配方有所改进,制造工艺渐趋成熟。火药的燃烧速度和爆发力增强了,生产规模也不断扩大。继使用燃烧作用的火药武器之后,公元12世纪出现了利用喷射作用和爆炸作用的火药武器。

中国古代火箭,主要用作军事武器。据《武经总要》记载,宋神宗元丰六年(公元1083年),北宋抵抗西夏入侵,一次就领用了25 000支火箭。书中还记载了火箭的制作和发射方法,"放火药箭,则加桦皮羽,以火药五两贯镞后,燔而发之"。意思是说,火药箭用桦皮作箭尾,在箭头之下装五两火药,点燃后射出去。

1121年金兵在战争中使用了铁火炮,又称震天雷炮。

1132年,出现了用巨竹制成的名为火枪的管形火器。

1161年宋、金采石战役中使用了霹雳炮。

1232年,守卫汴京(今开封)的金兵曾使用飞火炮和震天雷炮抵抗元兵的进攻。

火枪或飞火枪是能使火药在药筒内慢慢燃烧,并向前喷射烟和

火的武器。它类似现代的火焰喷射器,但仍不是真正的火箭。

在南宋孝宗年代(1163~1189年)出现了真正的烟火。无论是升到空中的"高升",或是在地上跑的"地老鼠",都是利用自身喷气的反作用向前推进,可以认为是最早靠自身喷气推进的真正火箭的雏形。如果在药筒上捆一根细竹竿,那就是"起火"了。

到元、明时期,"起火"已在民间盛行,火箭武器在战争中也有发展。根据1621年成书的《武备志》上记载,火箭的样式大为增多,箭头有刀形、枪形、剑形、燕尾形等,名为飞刀箭、飞枪箭、飞剑箭和燕尾箭;还用多个药筒绑在同一箭杆上以增大射程和威力,如二虎追羊箭。另一方面的发展是多箭齐射,少的2~3支,多的100支齐射,如五虎出穴箭、七筒箭、九龙箭、四十九矢飞廉箭、百矢弧箭等。箭杆长1.6~2.9尺,药筒长3~5寸,射程有200~400步。

其中一些著名的火箭有:

一窝蜂　木筒内贮神机箭32支,总线一燃,众矢齐发,可射300余步,势若雷霆之击,这是多管火箭炮的雏形(图1-3)。《明实录》记载,惠帝建文二年(公元1400年),燕王朱棣进攻李景隆所率明军时,李军"藏火器于地,其所谓一窝蜂者"(图1-4),"着人马皆穿"。

图1-3　"一窝蜂"火箭

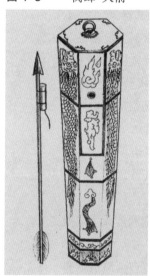

图1-4　大规模使用"一窝蜂"的明军防御阵地

　　飞空砂筒　箭杆上绑有喷射方向相反的两个火药筒,点燃向后喷射的火药筒,将箭送至敌营,并引爆砂筒,砂飞迷目,随即点燃向前喷射的火药筒,使箭退回,让"敌人莫识"。这是反推火箭的雏形。

　　飞空击贼震天雷炮　篾球外表糊纸,内装炸药,球身两侧装羽翅,点燃球中心的火药筒,将雷炮顺风送至敌营,引爆球内炸药杀伤敌人。大有"破阵攻城甚妙"及"战无不胜"之势。这已有了空气动力的飞航式火箭的因素。

　　神火飞鸦　与上述雷炮类似,形如乌鸦(图1-5),点燃鸦腿4支火箭,顺风可飞百余丈,至敌营敌船时引爆鸦身中炸药,烧营烧船,"飞入贼营,药发乱击,身焦目瞎"。

图 1-5　神火飞鸦

图 1-6　火龙出水

　　火龙出水　用大竹筒作龙身,内装神机箭多支,并装饰龙头龙尾,龙身两侧前后更装2支大火箭(图1-6),点燃时可将火龙抬离水面三四尺,飞行二三里,最后引燃龙腹内的神机箭,焚船伤人。这是多级火箭的雏形。

　　火药和火箭的发明,充分展现了古代中国人民的杰出智慧和卓

越才能。

中国古代火箭看似简单，但已具备了现代火箭的基本组成，即箭头、箭体(箭杆)、动力系统(火药筒及引线)和控制系统(羽尾)。而飞空砂筒已初具现代反推火箭雏形，从飞空击贼震天雷炮和神火飞鸦可以看到现代飞航式火箭的踪影，火龙出水则已形成现代二级火箭的雏形。

直到13世纪中叶，蒙古人入侵中亚、西亚和欧洲，阿拉伯人侵略西班牙，他们把中国的火箭技术传入欧洲及世界其他地区。欧洲人最早使用火箭兵器，是在1379年意大利的帕多瓦战争和1380年的威尼斯之战中。

近代将火箭用于战争始于英国人康格里夫(William Congreve)。1807年英军围攻丹麦的哥本哈根，发射了康格里夫制造的火箭，烧毁了城内的大部分建筑。据说在滑铁卢与拿破仑一世(Napoleon Ⅰ)大战中英军也使用了这种火箭。

从嫦娥奔月到万户升空

从古代开始，我们的祖先就梦想飞上太空，其中流传最广的神话故事就是嫦娥奔月。

相传在远古时代，天上共有10个太阳。起初，它们在空中轮流出现，1个太阳出勤值班，其余的太阳便回去休息。所以，虽然有10个太阳，但人们见到的只有1个。

可是后来它们调皮起来，常常一同跑到天空中嬉戏，这下可给人们带来了灾难。10个烈日一起曝晒，使得禾苗枯萎，河流干涸，人们无法生活。

天帝看到地下的人们在受苦受难，十分生气，决定派神箭手后羿去教训一下太阳们。

后羿看到人们受苦的情景，不由得勃然大怒。他从腰间抽出一支白箭，搭在红色的弓上，对准第一个太阳。只听得"嗖"的一声，刹那间一个太阳从空中坠了下来,开始是一团火,落地后变成了一只带箭的三足死鸟。

后羿又一口气连发八箭,箭箭命中。正当他准备射杀最后一个太阳时,旁边的一位老人大叫:"使不得,使不得! 天上不能有 10 个太阳,可不能一个太阳也没有呀!"后羿觉得老人言之有理,便收去弓箭,让最后一个太阳继续照耀着地上人间。

后羿做了那么大的好事,人们感激他,钦佩他。后来,他娶了美貌的嫦娥为妻,建立了一个幸福的小家庭。

后羿为民除害的消息,最后传到了远在昆仑山上的王母娘娘的耳中。王母娘娘十分赞赏后羿的献身精神,决定送他一颗吃了能长生不老的仙丹,并叮嘱送仙丹的人告诉后羿:这颗仙丹一定要两人同吃,一个人独吃就会升天。

不巧,送仙丹的人来到嫦娥家的那天,后羿正好不在家。他便把仙丹交给了嫦娥,但忘记了将王母娘娘的叮嘱告诉她。

嫦娥拿着仙丹,闻到一股阵阵清香。她闻呀闻呀,一不小心,将仙丹吞了下去。开始,她觉得全身轻飘飘的,舒服极了,可是不一会,双脚竟然离地飘向空中,她才惊慌起来,大叫后羿的名字。但是,已经晚了,她身不由己地向空中飞去(图1-7)。

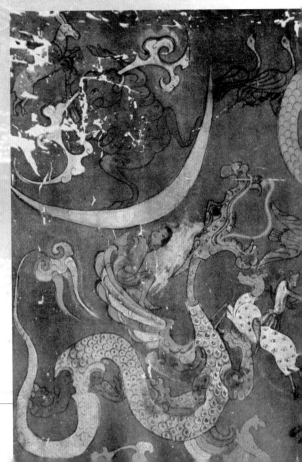

图 1-7 马王堆出土的嫦娥奔月图

　　嫦娥最后飞到了月亮上。她走进了广寒宫，只见那里杳无人迹，只有一棵桂花树和一只正在捣药的小白兔，她好不伤心啊！

　　嫦娥无可奈何地留在月亮上，过着寂寞的生活。只能在每年的中秋之夜，走出广寒宫，遥望远处的人间。

　　唐朝诗人李商隐曾有《嫦娥》诗一首："云母屏风烛影深，长河渐落晓星沉。嫦娥应悔偷灵药，碧海青天夜夜心。"千年来一直被人们所吟诵。

　　这个传说，反映了古代人们是多么向往飞天啊！

　　中国古代还曾有过用火箭载人飞行的尝试。

　　美国作家赫伯特·基姆(Herbert Spencer Zim)1945年在《火箭与喷气发动机》一书中是这样记述的：

　　"这位快要活到15世纪的中国士大夫，是一位试验火箭的官员。我们愿意将万户(Wan Hoo)评价为试图利用火箭作为交通工具的第一人(图1-8)。他先制造了两个大风筝，并将一把椅子固定在风筝之间的构架上。他在构架上捆绑了47支他所能买到的最大的

图 1-8　万户升天图

图 1-9　万户升天塑像

火箭。当一切就绪后,万户坐在椅子上,命其仆人手持火把点燃了47支火箭,随即发出轰鸣,并喷出一股火焰。试验家万户却在这阵火焰和烟雾中消失了。"(图 1-9)

这就是国外对万户所作的非常简要的描述。

关于万户,另外还有一种带有传奇性的传说:

据说万户原是木匠,喜好钻研技巧。从军之后,改进过不少刀枪车船,在同瓦剌的战事中屡建奇功,受到将军班背的青睐,让他在兵器局供职。两人志趣相同,相交甚厚,并共同开始了对"飞鸟"的研制。班背性情耿直,从不趋炎附势,因而得罪了右中郎李广太等一班奸臣,被革去一切职务,并幽禁在拒马河上游的深山鬼谷中。

明朝开国皇帝朱元璋的第四个儿子朱棣,想继位当皇帝。他一

方面网罗党羽,扩充势力;另一方面搜罗各种技艺,献给朱元璋,讨其欢喜。李广太得知万户技艺非凡,便对其软硬兼施,想利用他来为皇上造"飞龙"。万户表面上同意造"飞龙",暗地里想趁机营救班背,同时完成造"飞鸟"的宿愿。

万户立即去鬼谷与班背会合,但晚了一步,原来他已被李广太勾结的瓦剌军所害。班背在临终前令随从带着他的《火箭书》冲出去,转交给万户。万户决心依照《火箭书》造出"飞鸟",以实现班背的遗愿。

他首先造出了各种各样的火箭,然后画出"飞鸟"的图形,众匠人按图制造"飞鸟"。试飞时,"飞鸟"放在山头上,万户拿起风筝坐在鸟背上。先点燃鸟尾引线,火箭喷火,"飞鸟"离开山头向前飞去,接着两脚喷火,"飞鸟"冲向半空。不久,火光消失,"飞鸟"翻滚着摔在山脚之下……

万户为自己的理想献出了宝贵的生命。尽管他的飞天试验是一出失败的悲剧,但他被公认是世界上尝试利用火箭飞行的第一人。为了纪念万户,1970年召开的第14届国际天文学联合会大会上,一致通过将月球背面的一座环形撞击坑命名为"万户"。另一座撞击坑也同时被命名为"嫦娥"。

牛顿设想超级地球大炮

在17世纪80年代,伟大的科学家牛顿(Isaac Newton,图1-10)确立了他的力学定律。其第三定律,即作用力与反作用力大小相等、方向相反,正是今天火箭运动的力学原理。

牛顿在他的著作中作了这样的推理:"如果在山顶上架起一尊大炮,用火药的力量把一枚铅制炮弹平射出去,铅弹在落地以前就会沿曲线飞行2英里的距离,这时(假如没有空气阻力的话),发射炮弹的速度如果增加1倍,它飞行的距离差不多增加1倍;如果炮弹的速度增加10倍,飞行的距离也会增加10倍。加大速率就可以任意加大飞行的距离和减少弹道的曲度，因此我们可以使弹道落到 10°、30°、90° 那么远的地方，可以使炮弹绕行全球，甚至飞入宇宙空间，直到无限远。"

图 1-10　17~18 世纪的英国大科学家牛顿

这表明，牛顿的炮弹，只要有足够的初速度，就可以变成绕地球运行的人造"小卫星"。经过计算，要使地球上的物体脱离地面成为地球的人造卫星，初速度必须达到 7.9 千米/秒，这称为"第一宇宙速度"；要使物体脱离地球引力范围，成为太阳系的人造行星，初速度必须达到 11.2 千米/秒，这称为"第二宇宙速度"；要使物体脱离太阳系的话，初速度则必须达到 16.8 千米/秒，这称为"第三宇宙速度"。

但是，当年牛顿的炮弹是不可能实现的。因为要造出使炮弹达到 7.9 千米/秒速度的大炮，它的炮筒长度就要有 1 千米，这显然是无法办到的事情。

不过牛顿炮弹所昭示的万有引力原理，以及这三个宇宙速度的引出，为后来发射人造地球卫星和各种宇宙飞行器奠定了科学基础。

后来，英国大诗人拜伦（George Gordon Byron）高度评价了牛顿的这一设想："牛顿铺设的道路，减轻了痛苦的重负，从那时候起已经有了不少的发现，看来我们总有一天，会在蒸汽的帮助下，开辟出到月球的道路。"

从科幻作品中启迪航天

在西方，还有许多描写人类飞天的科幻作品，反映了人们对太空的向往。

1638年，英国高德温(Francis Godwin)主教写了一部名为《月球人》的科幻小说。书中主人公冈萨雷斯乘船在大西洋上航行，生病后流落到一座孤岛上。碰巧，岛上有一群来自月亮的野鹅。为了回到故乡，冈萨雷斯开始训练野鹅负重飞行。经过充分训练的野鹅，被分为每25只一组，用细绳联结在一起，绳上再捆一根坚固的细棒，冈萨雷斯就骑在细棒上，靠鹅力飞回了欧洲。后来，在野鹅返回月亮的季节里，冈萨雷斯被鹅力飞车带到了月球上。他看到，月亮上的东西比地球上的要大30倍，月球人身高3米到30米，平均寿命为5000岁。后来，他又乘飞车回到了地球，向人们讲述了他的登月奇遇。

1649年，法国作家西拉诺·德·贝尔热拉克(Cyrano de Bergerac)写了《月球上的国家和帝国的趣史》，此书在他逝世后的1657年出版。小说的主人公就是作者西拉诺自己。经过一系列试验后，主人公在高山顶上建造了一条底部装有弹簧的船，想借强力弹簧的弹力，把船弹到月亮上去。试验发射时，船被弹射起来，而后掉到山谷里。他叫来一群士兵帮助他搬运船舱里的鞭炮，突然，鞭炮发生意外爆炸，主人公被推向天空，飞向月亮，最后被月球的引力带到月亮上，开始了一番月球探险。在西拉诺访问的月球世界里，儿童们上学念书前，就可以通过留声机直接听到社会活动家的声音，从中受到教育。西拉诺后来是被一阵龙卷风吹回地球的。

在这部小说里，第一次把飞出地球与鞭炮的反冲推进联系了起来。

最有意义的科幻小说，是由法国人儒勒·凡尔纳(Jules Verne)在1865年和1870年出版的《从地球到月球》(图1-11)和《环绕月球》(图1-12)这两部小说。它们描述了乘炮弹飞船飞到月球，又从月球返回地球的整个冒险故事。

　　故事发生在南北战争后的美国,炮兵人员在巴尔的摩组成了一个大炮俱乐部。俱乐部会员忽然想起要与月球来往,送一颗炮弹到月亮上去。俱乐部会长巴比康说:"我仔细考虑过,有绝对正确的计算,我发现一个初速是每秒1.2万码(约11千米)的投射物,目标是月球,必定能到达它。"他与剑桥天文台的天文学家们进行了会商。根据天文学家们的指示,发射这颗炮弹的大炮应设在南纬或北纬0°~28°之间的地区,使炮弹能够正对天顶向月球发射。它必须在12月1日晚上10点46分40秒发射出去,初速为每秒1.2万码(约11千米),预计在4天后到达目的地,那时月球恰好处在近地点上。

　　他们经过仔细计算,将炮弹设计成一枚铝质榴弹,直径108英寸(2.74米),弹壁厚12英寸(0.3米),重19 250磅(约90吨);大炮用生铁铸造,长900英尺(约275米),直接铸在地上;炮弹的弹药筒里装40万磅(约180吨)火药,以便能有足够的力量,把炮弹送上月球。

　　人们在佛罗里达州坦帕镇郊外,挖了一个270米深的坑来浇铸大炮。大炮铸成后,有位法国人阿当提出申请,想

图 1-11　凡尔纳《从地球到月球》中文版

图 1-12　《从地球到月球》中插图

乘炮弹到月亮上去旅行,希望俱乐部接受他的要求。他对炮弹重新进行设计,建议把它造成一个中空的飞行器,中间带一个可以载人的舱,并邀请巴比康及其死敌尼柯尔船长与他一起,乘炮弹到月亮上去。他解释说:"尽管那些心胸狭窄、见识少的人,只希望人们永远就在地球上活动;但我们将有一天到月亮、行星和其他星球上去旅行,就像在地球上从这里到其他地方一样方便。"

他的建议很快被采纳,炮弹变形了,如今它像一个一头是圆锥的圆柱体。这个炮弹内装有强力弹簧,用来减轻发射时对人的冲击力。它被称为"哥伦比亚号"飞船。

三个人坐进了炮弹飞船,他们带了一年的粮食和足够几个月饮用的水、几天用的煤气,并用化学方法制造氧气。为了防备月亮上猛兽的袭击,又带上步枪。此外,还有锯子、铲子、谷物的种子、两条狗和几只鸡。

12月1日下午,在许多观众的围观下,炮弹发射了出去,3名乘客遭受了4天的失重晕眩,很幸运地错过了月球,在围绕月球飞行后,安全地返回地球,降落在海里。

这就是故事的梗概。在凡尔纳生活的时代,天文学和天体力学都有了长足的进展,人们已经熟知万有引力定律,凡尔纳的科幻小说就是在这些科学知识的基础上创作的。十分有趣的是,凡尔纳描绘的俱乐部发射炮弹的地点,正好是今天美国的宇航中心卡纳维拉尔角;第一个太空生物是苏联的"莱伊卡"狗,而小说中带去的也是狗。

凡尔纳的小说非常受读者欢迎,后被翻译成各种文字,使许多狂热的青年成为太空迷。

后来许多航天先驱之所以走上航天道路,与年轻时读过凡尔纳的作品并深受启迪是分不开的。

第二章　伟大的航天先驱者

从 20 世纪中叶开始,人类活动由陆地、海洋、天空向太空扩展,航天成为举世瞩目的重大事件。早在 20 世纪初,就有一批富有远见卓识的科学家,建立和完善了宇航理论,促进了航天科学的发展。其中最有代表性的有俄国的齐奥尔科夫斯基 (Константин Эдуардович Циолковский)、美国的戈达德(Robert Hutchings Goddard)、德国的奥伯特 (Hermann Julius Oberth) 和布劳恩(Wernher von Braun)。他们成为这一新兴科学领域的开拓者和先驱者,用自己毕生的研究成果,为人类通往上述第四活动领域——太空开辟了胜利之路。

航天之父齐奥尔科夫斯基

1857年9月17日 (俄国旧历9月5日),齐奥尔科夫斯基(图2-1)出生于俄国梁赞州的伊热夫斯克村。父亲是护林员,母亲出身工匠之家,家境贫寒,儿时过着艰辛的生活。更不幸的是,齐奥尔科夫斯基9岁时患上严重的猩红热病,双耳失聪,尚未读完小学就不得不辍学在家。在父母的辅导下,他靠顽强的毅力自学了小学和初中的课程,并养成了勤于思考的习惯。14岁时,他从物理书中获得知识,尝试

图 2-1　齐奥尔科夫斯基。他最有名的格言是:"地球是人类的摇篮,但人类不会永远生活在摇篮里,而会不断地争取生存世界和空间。开始他们将小心翼翼地穿出大气层,然后便去征服整个太阳系。"

着做风箱扇风推动的车模型,做纸袋充氢气的飞行试验,绘制想象中的飞行器草图。

　　1873年,16岁的齐奥尔科夫斯基怀着强烈的渴望,只身到莫斯科开始了3年的求学生涯。由于耳聋无法进入学校学习,只能每天到图书馆自学。他不论寒暑,早出晚归,整天泡在图书馆刻苦攻读,靠父亲寄钱维持起码的生活,竟在3年里习完了大学理科的课程。在求学期间,他对星际航行产生了浓厚的兴趣,自己动手制造金属飞行器,开始研究有关火箭飞行的问题。后来他回忆说:"我很少系统地学习过,只读过使我产生兴趣的和自认为重要的一些书。可以说,我一面学习,一面创造,尽管也经常会遇到学习耽误和创造失败。我很难准确回忆起我是怎样开始计算有关火箭的问题的。对我来说,第一颗太空飞行思想的种子是由著名的儒勒·凡尔纳的幻想小说播下的,它使我在头脑里形成了确定的方向,我开始把它作为一种严肃的活动。"

　　1879年,齐奥尔科夫斯基以优异成绩通过考试,取得中学教师的资格。他一边在博罗夫斯克县立中学教数学和物理,一边独立研究星际航行问题。他对宇航的研究倾注了全部热情,课余时间都投入到没有引力的世界里,甚至到了痴迷的程度。在他这一时期的笔记本里,画有太阳系的示意图,描绘了能悬挂在太空的"纺锤形塔"和"人造圈",这可能就是他关于人造卫星和空间站的最早构想。1883年,他写出了《自由空间》论文手稿,指出利用反作用装置作为太空旅行工具的动力的可能性,在地球之外人类将受到失重的考验,还绘出了一幅征服太空的火箭发动机原理图。1887年,他应邀去莫斯科作了关于金属飞行器的学术讲演,他的研究成果引起一些科学家的关注。1891年,他从理论上研究了星际航行问题,进一步明确指出只有火箭才能达到这一目的。

　　这时发生了两件令齐奥尔科夫斯基十分痛心的事情:一件是邻居的草屋失火,将齐奥尔科夫斯基家的图书、工具、模型和手稿焚毁,多年的心血付诸东流;另一件是他的才华和正直受到嫉妒,未能再去莫斯科工作,给他的研究工作造成很大困难。1892年,他愤然离开博罗夫斯克城,举家迁居卡卢加小镇。在那里他仍然一边在中学教物理,一边潜心于他的研究实验工作。1893年,他发表了科幻小说《在月球上》,两年后又出版了《关于地球和天空的幻想及万有引力效应》一书,提出发射人造地球卫星的设想。他不仅利用学校破旧的物理实验室做小蒸汽机喷气实验;而且还在自家的房顶上用废弃的铁筒制成一个"风洞",用这种简陋的送风机来测定空气的阻力,获得有关火箭和航天原理的数据,为创立航天理论打下基础。

　　功夫不负有心人。齐奥尔科夫斯基的研究,涉及太空飞行中从选择火箭燃料到人如何克服失重影响的各种课题,在理论研究上取得了突破性的进展。1898年,他完成了《利用喷气工具研究宇宙空间》的经典论文。这篇论文凝结了他多年的研究成果。但几经周折,这一划时代著作5年后才在莫斯科的《科学评论》杂志上发表。随后,他又在《航空报告》杂志上陆续发表几篇关于火箭和太空飞行的论文,奠定了航天学的理论基础。这些成就确立了齐奥尔科夫斯基作为航天理论奠基者的地位。

图2-2　齐奥尔科夫斯基导出了火箭运动速度的基本公式,这是他的手迹

　　齐奥尔科夫斯基发表的《利用喷气工具研究宇宙空间》,为人类飞向太空开辟了道路。在这本科学著作中,他论证了火箭作为星际航行工具的可能性,推导出火箭运动的基本方程。这个方程后来被命名为齐奥尔科夫斯基公式(图2-2)。它引出了火箭质量比,即火箭起飞前的质量与火箭所携带燃料耗尽后的质量之比的概念,

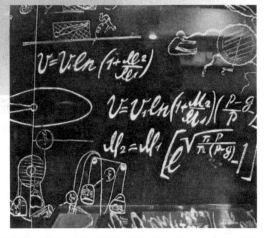

还首次提出了火箭推进剂比冲的概念。质量比越大，比冲越高，火箭性能就越好。因此，火箭质量比和推进剂比冲对于利用火箭实现太空飞行具有重要意义。同时，他还推算出火箭要克服地球引力所需的最小速度，即第一宇宙速度，首次明确提出液体火箭是实现星际航行的理想工具。这标志着火箭飞行理论的真正开端，是航天发展史上的一个里程碑。

经过长达 7 年的艰苦努力，1911 年，齐奥尔科夫斯基又完成了《火箭与太空探索》的研究论著，更加丰富了他的航天理论。他进一步描绘了宇宙飞船的发射和飞行超重对航天员的影响、人在太空中的失重效应、登天观地球的迷人景象等。所有这些都建立在严格的科学计算基础上，充分展示了他的创造才能，揭示了利用火箭探索太空的基本原理。

就在这一年的 8 月 12 日，齐奥尔科夫斯基在给他的朋友伏罗比耶夫(Б. Н. Вробьев)的一封信中写道："地球是人类的摇篮，但人类不会永远生活在摇篮里，而会不断地争取生存世界和空间。开始他们将小心翼翼地穿出大气层，然后便去征服整个太阳系。"这句名言，不仅炽热地表达了人类挣脱地球束缚到太空飞翔的理想，科学地预见了人类征服太空的美好未来，而且也是后来人不断奋勇前进的动力。

在齐奥尔科夫斯基担任中学教员的十分艰难的日子里，他大约写了 130 篇论文，但只自费发表了近 50 篇，还不被人们理解。俄国十月革命后，齐奥尔科夫斯基的研究工作受到信任和重视，而且逐步有了较好的生活和工作条件，他的关于征服宇宙空间的思想也迅速传播开来。他在 60 岁后的 18 年时间里，写了《飞往宇宙空间的火箭》、《宇宙飞船》等 450 篇手稿，继续阐述他关于星际航行的认识和思想。特别是 1929 年完成的《宇宙火箭列车》，对多级火箭作了详细的理论论证，证明使用化学推进剂的火箭发动机能够达到宇宙速度。1930 年发表的《致航天学家》和 1932 年发表的《达到同温层》，

进一步论证了火箭推进剂的性
能和对火箭的各种设计要求。
他晚年写成的《宇宙火箭工作》
一文，则系统地总结了他在火
箭和航天学领域的工作和成
绩，论及火箭、人造卫星、载人
飞船、太空基地、星际航行的几
乎所有问题。他在这篇自述的
文章中说："在我工作和研究过
程中，我发表了利用类似于火
箭反作用装置实现太空飞行的
理论。基于已被检验的数据推
导表明，人类进入太空甚至在
地球大气层之外移民都是可能
的。也许当我的思想获得应用，

图 2-3　老年的齐奥尔科夫斯基

人类不仅在地球表面上活动，而且飞到宇宙空间时，上百年已经过
去了。"这一预言不是已经并正在变成现实吗！

　　从 20 世纪 30 年代起，年逾古稀的齐奥尔科夫斯基(图 2-3)已
不再是孤军奋战，而是在他的指导和影响下，在莫斯科和列宁格勒
成立了专门机构，培养出了一批火箭专家，专门研究他所开创的火
箭和太空飞行问题。1932 年，苏联政府为表彰齐奥尔科夫斯基对促
进航天科学发展作出的杰出贡献，授予他劳动红旗勋章。1934 年还
选他为喷气研究所学术委员会名誉委员，把火箭推进剂质量与无推
进剂时的火箭质量之比值，命名为齐奥尔科夫斯基数值。1935 年 9
月 19 日，年高 78 岁的齐奥尔科夫斯基在卡卢加病逝。

　　如今一个世纪已经过去。人们看到航天已经不再是神秘而被嘲
讽为"怪人"的幻想，人类不仅频繁地到太空活动甚至登月漫步，而
且正在向着更远的目标进军。这就是齐奥尔科夫斯基在 1933 年

"五一"劳动节向公众发表的广播演说中所期望的未来:"40 年来,我一直从事有关火箭原理的研究。我始终都坚定地认为,在可预见的将来,人类将可能飞向火星。尽管时代在变,但星际航行的理想总要继续下去。今天我确信,你们之中将有人会在星际空间中航行。"

航天之父齐奥尔科夫斯基的伟大思想,正在一步步变成人类今天的现实和明天的可能。

把理论变为现实的戈达德

1882 年 10 月 5 日,戈达德诞生在美国马萨诸塞州伍斯特城。他幼年时体弱多病,上不了学时爱自学,特别是被家里的白炽灯和留声机所吸引,经常爱摆弄蓄电池和铝制气球等新奇的东西。他好发奇想,如带着小朋友在自家的花园里,试图挖出一条通到地球对面中国的隧道。他在 17 岁读了儒勒·凡尔纳的《从地球到月球》和威尔斯(Herbert George Wells)的《星际大战》等著作,开始对宇宙炮、火箭充满热情,在心里播下了研究宇航工具的种子。他说:"生命对我来说,有一个目的,就是进入太空飞行。"

1904 年,戈达德考入伍斯特理工学院。他从物理课中得到启示,在一篇《1950 年的旅游》的命题作文中,描述了一条从波士顿到纽约的钢制真空管道,用磁悬浮列车只需 10 分钟就可走完这趟320 千米的路程。后来,这个妙想成为科学家们接受的科学概念。1908 年,戈达德进入克拉克大学攻读物理学硕士,开始转向利用火箭推力实现宇宙航行的研究工作,这在当时是一个被认为没有前途的方向。戈达德在诺贝尔奖获得者迈克耳孙 (Albert Abraham Michelson)和著名物理学家韦伯斯特(Arthur Gordon Webster)的指导下,研究喷气发动机固体燃料和液体燃料的热离子光磁效应,对比了固体和液体火箭的能量和效率。1909 年,他在笔记中指出:"只有用液体燃料才能提供宇宙航行所需要的能量。"虽然他提出的液氧和液氢燃料当时还不能生产出来,却揭示了液体燃料作为火箭推

进剂的发展前景。1910 年和 1911
年,他先后获得硕士和博士学位,为
他的研究工作奠定了坚实的基础。

　　1912 年,戈达德成为普林斯顿
大学帕尔默物理实验室的研究员,
致力于研究能测量高频振荡的真空
管,并开始火箭推进原理的理论计
算工作。由于工作的紧张和劳累,他
患了严重的肺结核病;但他并不灰
心气馁,仍然带病坚持研究。他在给
一位友人的信中说:"生命如此之短
暂,而世上又有那么多事需要我们
去做,这是一件令人着急的事。我们
应当冒点风险,去做那些我们力所
能及的工作。" 戈达德病愈以后回
到克拉克大学兼任物理学讲师。经
过 10 年的刻苦钻研,他于 1919 年
发表了一篇奠基性的论文《到达极
大高度的方法》,论述了火箭运动的

图 2-4　戈达德被称为美国"火箭
之父",他把齐奥尔科夫斯基在 20
年前构思的液体火箭变成了现实

数学原理和计算方法,提出了火箭用发光镁粉作为到达月球的信号
的登月方案。这一科学设想却不为一些人所理解,引起新闻界的讥
笑和嘲讽,但也有很多人表示赞赏和支持。这使戈达德与"月球火
箭"结下了不解之缘。1920 年,他又写出《关于进一步发展太空探测
火箭的报告》,进一步提出利用液氢作火箭燃料的新设想。此后,他
于 1921 年完成液氢/液氧燃烧室和泵的设计,1922 年完成液体燃料
研究和试验(图 2-4)。

　　与此同时,戈达德在马萨诸塞州奥本郊区的沃德农场建立起一
个火箭试验场,开始对火箭做静态试验。试验过程中,他在技术和工

程上遇到许多困难，特别令他伤心的是从 1923 年起连续 3 次试验都因点火爆炸而烧毁了液氧管路。尽管试验十分不顺利，却未能阻挡他的信念和热情。1924 年，他与基斯克（Esther Christine Kisk）小姐结婚。基斯克成了戈达德火箭研究小组的一位重要成员，一直协助戈达德的研究工作。

经过不断改进，1925 年底在克拉克大学实验室进行火箭静态试验后，戈达德获得了供飞行试验的液体火箭样机。1926 年 3 月 16 日，在冰雪覆盖的沃德农场，世界上第一枚使用液氧和煤油的液体火箭进行飞行试验并获得成功。戈达德不禁兴奋地喊起来："这一下我可创造了历史！"他在试验报告上记录了试验过程：火箭高 3.04 米，由一台 0.6 米长的液体发动机和两个燃料贮箱组成，竖在简陋的发射架上。试验在下午 2 点 30 分进行，飞行 2.5 秒后，火箭上升高度达 12 米，飞行距离 56 米，落点在农场菜园。戈达德的妻子基斯克拍摄了发射前的现场照片。这张简洁清晰的照片见证了戈达德在火箭技术领域迈出的历史性一步（图 2-5）。

从此，火箭技术的发展揭开了新的一页。1927 年 7 月 17 日，戈达德又研制发射了第一枚气象火箭，火箭上带有气压表、温度计及照相机，并用降落伞回收。此后，他的研究工作得到美国第一位驾机横越大西洋的飞行员林白（Charles Lindbergh）的理解和支持。林白为他争取到慈善家丹尼

图 2-5　1926 年 3 月 16 日，戈达德成功地点燃了世界上第一枚使用液氧和煤油的液体火箭。他为此激动地说："这一下我可创造了历史！"

尔·古根海姆(Daniel Guggenheim)提供的经费资助,从而使他能够继续扩展火箭的研究领域,在克拉克大学实验室里添置了新的车床和试验设备,并在新墨西哥州的罗斯维尔草原上建起一座新的火箭试验场。1930年12月30日早晨,一枚长3.3米的液体火箭以每小时805千米的速度升空,高度达609米,试验成功。1932年又试飞一枚火箭,进一步解决了用陀螺仪控制火箭姿态等问题。这样,他于同年5月写出罗斯维尔试验火箭报告,得到古根海姆基金会的肯定评价,并决定继续资助他的火箭事业。但由于受美国经济萧条的影响,资金难以到位,戈达德的实验不得不暂时中止。他怀着悲伤的心情离开了苦心经营的车间和试验场,回到克拉克大学继续教学生涯。

　　但是,戈达德在教学之余,仍然钟情于未完成的火箭研制工作。他以顽强的毅力探求新的技术途径和新的技术方案,完善他的火箭设计构想。后来,林白又帮助他继续得到古根海姆基金会的资助。1934年9月13日,戈达德同他的一些助手回到罗斯维尔,专心致志地推进火箭实验工作(图2-6)。

从1935年到1941年的6年间,戈达德研制出了4种系列液体火箭,其中A系列火箭采用陀螺仪控制燃气舱和降落伞回收方案,进行14次飞行试验,7次获得成功;K系列火箭采用新的燃烧室,在试验台上10次试车,很少发生变形或事故,取得令人满意的试验结果;L系列火箭分3组共进行21次静态试验和15次飞行试验,验证了发动机的性能

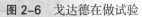

图2-6　戈达德在做试验

和降落伞回收系统;P 系列火箭改进了燃料泵, 推力达到 3.9 千牛, 成功地发射 2 次, 这种火箭长 6.7 米, 直径 45.7 厘米, 飞行时速超过 1000 千米, 最高飞行高度 914 米。

第二次世界大战开始后, 戈达德的火箭实验受到冲击和影响。美国军方要求戈达德放弃液体火箭的研究, 而且希望很快能得到固体燃料的火箭武器。这有悖于戈达德已经确立的研究方向, 他不愿再回到第一次世界大战时期曾经研究过的固体燃料火箭, 因此他的研究几乎无立锥之地。1942 年, 他仅为海军和陆军研制了一种使用液体燃料的喷气式助推火箭,1943 年又为海军改进了一种小型火箭发动机。

美国工业界逐步认识到这位从荒漠中走出来的"月球火箭人"的才能和价值, 遂聘请他为研制火箭出力献策。特别是后来人们弄清了德国 V-2 火箭结构的细节后, 才感到它同戈达德实验室的火箭简直如出一辙, 不禁十分惊讶。但遗憾的是, 戈达德未能看到他毕生追求的那种达到极大高度的火箭从试验场上空升起。1945 年 8 月 10 日, 喉癌夺去了他的生命。

戈达德一生获得了 218 项专利, 几乎涉及液体火箭技术的各个主要领域, 开创了液体火箭研制的先河, 被誉为美国"火箭之父"。1959 年, 著名火箭专家布劳恩在戈达德的纪念会上致辞说:"戈达德是少年英雄仰慕的对象, 我在幼年时代就崇拜他对科学的贡献, 他的先驱性火箭研究工作极为重要。他和其他科学家一样, 历尽艰辛困难, 甘冒危险从事火箭研究和试验, 以非凡的毅力不屈不挠地验证他的理论, 使火箭变成现实。"这个评价概括了戈达德一生的卓越贡献。

德国著名航天英才奥伯特

1894 年 6 月 25 日, 奥伯特(图 2-7)生于阿尔卑斯山区特兰西瓦尼亚的一个乡村医生家庭, 该地今为罗马尼亚的锡比乌市。在少年时期，母亲送给他凡尔纳有关月球旅行的两本科幻小说。他读后对太空飞行产生了浓厚的兴趣，而且认为即使能用大炮将炮弹发射到月球，炮弹出膛飞行的巨大加速度也会把人压得粉身碎骨，因此用大炮作为太空飞行的工具是达不到目的的。既然大炮不能胜任太空飞行任务，他就开始寻找其他解决方法，究竟什么东西能作为宇航交通工具呢？

图 2-7 德国科学家奥伯特被后人誉为德国的"火箭之父"

中学时期，奥伯特根据所学的物理和数学知识进行推算，得出要把飞船推出地球引力之外，必须达到每秒11千米的速度才行。那么用什么样的交通工具能实现呢？他最初想过由电磁场作用的电磁线圈管道，后来认为反作用推进的火箭才是实现太空飞行的方式，巨型火箭一定会用于未来的宇宙飞船。

1913年，奥伯特子承父业，被送进慕尼黑大学学医。第一次世界大战中，他在应征服兵役期间，在一所医院工作，闲暇时候热衷于思考太空飞行的理论问题，甚至构想设计了一种战争用的远程火箭。特别是他在一次游泳时，在水底偶然感受到了失重效应。通过多次体验，他认为除了心理上感到有些恐惧外，短时失重对人体没有不良影响。

战后的1919年，奥伯特弃医学工，转入汉堡大学攻读数学、物理和天文学课程，在课余从事航天学研究，并设计出一种远程液体火箭。他充分认识到研制太空飞行的运载工具已经不仅仅是推测，火箭运动的理论已经成熟了。1922年，奥伯特从报纸上看到美国科学家戈达德研究火箭的报道，立刻给戈达德写了一封信表示敬意，并介绍他自己从事利用火箭飞出地球的研究已经多年，现在感到自

己在这方面的探索并不是孤军奋战，因此希望各国科学家通力合作，共同解决这个艰巨的问题。

戈达德收到信后，立即按要求给奥伯特寄一份《达到极大高度的方法》的论文。奥伯特发现自己的基本理论与戈达德有相似之处，他们的最终目的不仅是要研制出火箭，而且要研制可载人的、实现太空飞行的宇宙飞船。戈达德的论文带给奥伯特很大的信心，他把自己的研究成果也整理成一篇论文，这就是在1923年初发表的《飞向行星际空间的火箭》。在这篇关于火箭和宇航技术的经典论文中，他提出了空间火箭运动的理论公式，用数学方程阐明了火箭如何获得脱离地球引力的速度，描述了宇宙飞船飞往月球、火星的问题。尽管这篇论文作为他的博士论文未被通过，而且出版也受到影响，没有得到某些权威的认可，但它一问世就受到广泛关注和欢迎，成为一时的畅销读物，在德国掀起了一阵关注太空旅行的热潮。

奥伯特重视汲取世界上其他科学家的研究成果。1924年，他又向齐奥尔科夫斯基索取《利用喷气工具研究宇宙空间》的原著，还阅读了许多关于宇宙航行的书籍。1929年，他根据大量的研究材料对自己的著作进行充实和完善，出版了《通向太空飞行之路》一书，其中不仅详细介绍了载人飞船及其发射、飞行轨道等问题，而且还预见了电推进火箭和离子火箭的发展。第二年这部著作获得了欧洲最高荣誉的莱佩–易尔什(REP-Hirsch)国际航天学成就奖。奥伯特是第一个获此殊荣的科学家。

在此期间，他名声鹊起。一些作家和导演将他的著作改编成通俗作品或拍成电影。他还担任了《月宫女郎》电影的技术顾问，亲自设计制造了一枚长1.8米的真火箭和一座巨大的载人飞船。原定赶在电影首演式时发射这枚火箭，但因当时无法得到燃烧速度均匀的木炭燃料，火箭研制未能成功。然而，奥伯特从这一挫折中获得了宝贵的经验。

1927年，在奥伯特的影响下，一批业余火箭研究者成立了德国宇宙航行协会。次年秋,奥伯特担任了这个协会的主席。他在协会成员里德尔(Klaus Riedel)和布劳恩的协助下,开始新的火箭设计工作。1930年7月23日,这枚新的小火箭在地面试验时,在90秒内消耗6千克液氧和1千克汽油,产生了68.6牛的推力。这还不足以使火箭离地升起,但却是实验室中的首次成功。后来,奥伯特的得意弟子布劳恩在与奥德维(Frederick Ira Ordway)合著的《火箭史与空间旅行》一书中回忆说:"奥伯特在火箭的应用中始终十分积极,他宣传、撰写火箭和空间飞行论文,并且鼓励其他人致力于这项工作。"(图2-8)

此后因经济困难,奥伯特离开协会,并中止火箭的实验活动,回到家乡教书。10年里,他先后在奥地利维也纳工程学院和德国德累斯顿大学任教,虽然没有放弃火箭研究,但条件缺乏,工作不能很好开展。直到1941年在纳粹德国当局的逼迫下,他被派到佩内明德火箭研制基地参加V-2火箭的研制工作。

此时,奥伯特从前的助手和学生布劳恩在佩内明德中心主持火箭研制工作。布劳恩要他去研究一种能打到美国的火箭,提出初步设计方案。这实际上就是洲际弹道火箭,奥伯特设想了一种三级火箭,可带一吨重的弹头,但直到德国战败时还没有研制出来。1943年,奥伯特还接受了一项研制固体燃料防空导弹的任务,但

图2-8　奥伯特和他的助手们

最后也未成功。

1945年5月德国投降后,奥伯特被盟军收容。同年8月获释后回到家乡担任家庭教师,也做一些科学研究。1948年去瑞士,用他的专长从事火箭实验。1950年至1953年受意大利海军委托从事火箭研究。1955年夏应布劳恩之邀,前往美国亚拉巴马州的亨茨维尔,任陆军红石兵工厂的顾问,协助布劳恩做一些火箭研究工作。1958年,他在那里目睹了美国第一颗人造卫星由布劳恩领导设计的运载火箭送上太空,实现了他的夙愿。此后,他便退休回到德国纽伦堡的福伊希特安度晚年。

1989年12月28日奥伯特安然辞世,享年95岁。这位被称为德国"火箭之父"的科学家,用他的一生见证了从第一枚火箭到载人太空飞行的完整发展过程。

V-2导弹的问世与布劳恩

1912年3月23日,布劳恩(图2-9)出生于德国维尔锡茨城的一个高级官员之家。父亲任过农业部长,还是一位颇有名望的银行家。母亲很有文化教养,是一位天文爱好者。他在幼年时期受到良好的教育,母亲常给他讲述日月星辰的知识和人类飞天的幻想,专门送他一架望远镜观测天体,在他幼小的心灵里埋下了一颗探索宇宙的种子。

1920年春,布劳恩的家搬到柏林政府的一处宅第。他在一所小学念书,虽然勤奋好学,但对数学并不感兴趣。他13岁上中学,读了奥伯特写的《飞向行星际空间的火箭》一书,唤起了他对宇宙航行的向往。他后来对人说:"这本书令我异想天开地去作星际旅行,这是需要我付出毕生精力去从事的事业。我不只是用望远镜去凝望月球和行星,还要遨游太空,解开太空之谜。"

但是这本书中的一些数学公式使他迷惑不解,因此他下决心钻研数学问题。经过刻苦学习,他很快在班上名列前茅。1928年,仅16

岁的布劳恩根据所学知识和自己的想象，绘制了一艘带有许多技术细节的宇宙飞船草图，并用准确生动的文字，描述了人乘坐飞船进行天外旅游的设想和要解决的技术问题。

1929年，布劳恩进入柏林理工学院，不久即参加了德国宇宙航行协会，并在奥伯特的指导下从事早期的液体火箭发动机的研究试验工作，从此与火箭技术结下了不解之缘。他的创造才能得到奥伯特的垂青和赏识。1932年，布劳恩在柏林理工学院机械工程系毕业后，进入柏林大学深造。1934年，年仅22岁的布劳恩完成论文《推力为140千克和300千克火箭发动机的理论和实验研究》，获得物理学博士学位。这篇论文标志着他向投身宇航事业迈出了重要一步。

图2-9 布劳恩1912年出生在德国，1955年入美国籍，1977年因患结肠癌病逝

布劳恩参加的火箭发动机研究小组，于1934年12月成功地试射了两枚A-2单级液体火箭，飞行高度达到2.4千米。接着又制订了研制射程为25千米的A-3火箭计划。随着火箭研制规模的扩大和火箭发展的需要，德国在乌泽多姆岛的佩内明德村建起一座火箭研究试验中心。布劳恩研究小组于1937年迁到这个闻名于世的火箭基地，负责用于作战的V-2导弹的研制工作。

德国的V-2导弹（图2-10）在火箭发展史上具有开创性的意义，同时也在战争史上留下了可耻的纪录。在布劳恩的率领下，经过5年多的研制试验，V-2导弹于1942年10月3日首次试射成功。布劳恩经常冒着生命危险在火箭研制的第一线工作。有一次进行V-2导弹试验时，为了亲自了解导弹最后阶段的飞行情况，他到落点附近观察，导弹在距他90米的地方落下，爆炸的冲击波将他推到一条

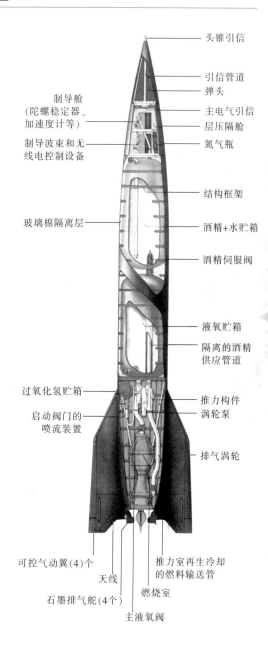

制导舱
(陀螺稳定器、
加速度计等)

制导波束和无
线电控制设备

玻璃棉隔离层

过氧化氢贮箱

启动阀门的
喷流装置

头锥引信

引信管道
弹头

主电气引信
层压隔舱

氮气瓶

结构框架

酒精+水贮箱

酒精伺服阀

液氧贮箱

隔离的酒精
供应管道

推力构件
涡轮泵

排气涡轮

可控气动翼(4)个

天线

石墨排气舵(4个)

主液氧阀

推力室再生冷却
的燃料输送管

燃烧室

图 2-10 V-2 导弹是
德国在第二次世界大
战期间研制的单级液
体火箭。它以液氧和酒
精作推进剂,最大射程
320 千米,成为人类第
一个向地球引力挑战
的工具

沟里,使他负了伤,但他仍然坚持不离开现场,表现出一种忘我的精神。

德国在第二次世界大战中发射了几千枚 V-2 导弹,但也未能逃脱失败的命运。战后,美国从德国手中俘获了一大批火箭专家,其中包括布劳恩这样一些著名人物。布劳恩带领一个 100 多人的研制小组,到美国新墨西哥州的陆军白沙导弹靶场,继续从事他的火箭研究事业。

布劳恩在美国,起初是在陆军服役,参加制订美国的火箭发展计划,负责火箭技术培训和研究试验工作。1945 年至 1947 年,布劳恩小组在 V-2 导弹的基础上,进行提高战术技术性能的研究,并将 V-2 导弹改装成高空地球物理火箭。1947 年至 1950 年,他又研制成功"飞行使者号"近程导弹。1950 年 8 月,布劳恩被调到亚拉巴马州的亨茨维尔红石兵工厂,又先后研制了"红石号"近程导弹和"丘比特号"中程导弹,为美国发展洲际导弹和空间技术打下了坚实的基础。

1955 年,布劳恩加入美国籍成为美国公民。他在 1954 年就制订了美国的人造地球卫星发射计划,但直到苏联捷足先登发射世界上第一颗人造卫星之后,美国才于 1958 年 1 月 31 日用他设计的"丘比特 C 号"运载火箭把"探险者 1 号"卫星送入轨道。同年 10 月,美国组建国家宇航局,他负责协调大型运载火箭和航天器的设计、研制和生产。1969 年 7 月,布劳恩离开美国国防部所属的战略导弹研制机构,调到美国国家宇航局的马歇尔航天中心,专门从事征服太空的宏伟事业。

1961 年 1 月 20 日,美国总统肯尼迪(John Fitzgerald Kennedy)召见美国国家宇航局的科学家,提出用火箭载人登月的问题:"在 60 年代我们能不能把人送上月球?"布劳恩当即回答:"行!"他接受了总统决定的这个目标,领导制订了"阿波罗号"登月计划。当时他作为马歇尔航天中心主任清楚地认识到,要把人送上月球,必须拥

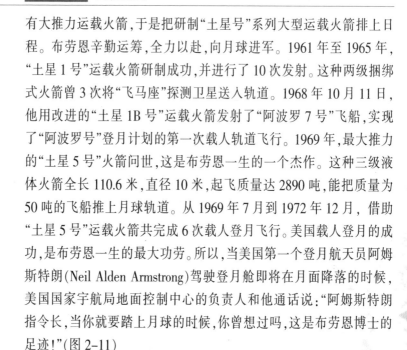

有大推力运载火箭,于是把研制"土星号"系列大型运载火箭排上日程。布劳恩辛勤运筹,全力以赴,向月球进军。1961 年至 1965 年,"土星 1 号"运载火箭研制成功,并进行了 10 次发射。这种两级捆绑式火箭曾 3 次将"飞马座"探测卫星送入轨道。1968 年 10 月 11 日,他用改进的"土星 1B 号"运载火箭发射了"阿波罗 7 号"飞船,实现了"阿波罗号"登月计划的第一次载人轨道飞行。1969 年,最大推力的"土星 5 号"火箭问世,这是布劳恩一生的一个杰作。这种三级液体火箭全长 110.6 米,直径 10 米,起飞质量达 2890 吨,能把质量为 50 吨的飞船推上月球轨道。从 1969 年 7 月到 1972 年 12 月,借助"土星 5 号"运载火箭共完成 6 次载人登月飞行。美国载人登月的成功,是布劳恩一生的最大功劳。所以,当美国第一个登月航天员阿姆斯特朗(Neil Alden Armstrong)驾驶登月舱即将在月面降落的时候,美国国家宇航局地面控制中心的负责人和他通话说:"阿姆斯特朗指令长,当你就要踏上月球的时候,你曾想过吗,这是布劳恩博士的足迹!"(图 2-11)

1970 年 3 月,布劳恩就任美国国家宇航局副局长,"阿波罗号"登月计划是他任期内取得的巨大成就。此后,他还领导了航天飞机的早期研制计划。1972 年,布劳恩度过花甲之年,感到做组织领导工作已力不从心,断然辞去美国国家宇航局的负责职

图 2-11　布劳恩在检查火箭

务,但依然钟情于航天事业。直到晚年,他还在为早在1953年就提出的火星计划而辛勤努力。他写的科普读物《火星计划》首次描述了火箭驱动的宇宙飞船如何登上火星以及怎样返回地球的途径,展现了他关于飞出地球去星际旅行的构想。他认为,火星计划的实现将对人类开发行星资源、改造行星世界、建设地球以外的文明星球,具有不可估量的意义。

图 2-12　布劳恩与他的火箭

1977年6月16日,布劳恩被结肠癌夺去了生命,年仅65岁。早在1958年美国第一颗人造卫星发射成功之后,美国总统为表彰布劳恩的功绩,向他颁发了美国公民服务奖,并在以后授予他25枚荣誉奖章。当人们赞誉他在航天技术领域取得巨大成就,为人类征服太空的事业作出不可磨灭的贡献时,布劳恩却谦虚地回答说:"我认为,像一个从萌芽、成长、开花到结果的自然生命那样,经过理想、奋斗,成功地实现前人和他人未完成的事业,乃是人生的最大乐趣。"(图 2-12)

第三章　改变世界的人造卫星

　　广阔无垠的太空是除大陆、海洋、大气层外人类的第四个生存环境，那里蕴藏着高远位置、微重力、高真空、高洁净和太阳能等许多对人类非常有用的资源。20 世纪 50 年代问世的人造地球卫星，就是开发这一取之不尽、用之不竭的宝藏的重要利器(图 3-1)。现在人类已经研制和发射了通信卫星、遥感卫星、导航卫星、科学卫星和技术试验卫星等五花八门的人造地球卫星，总数已超过 5000 颗。它们对人类社会的进步产生了巨大的推动作用，把地球带入了全新的"仙境"。

图 3-1 卫星的高度优势——从太空俯视地球

九霄云外大有作为

1957年10月4日，苏联成功发射了世界第一颗人造地球卫星——"人造地球卫星1号"(图3–2)，从而开创了伟大的航天时代。

"人造地球卫星1号"呈锥形，质量84千克，轨道的近地点215千米，远地点947千米，轨道倾角65°，绕地球运行周期96.2分钟。苏联首颗卫星发射成功使美国朝野上下一片哗然，一时手足无措。其实，美国早在1946年就开始了人造卫星的研究，但由于对运载火箭的开发重视不够，所以没能率先发射卫星。后来在苏联两次人造卫星发射成功的刺激下，美国加紧研制运载火箭，终于在1958年1月31日把"探险者1号"卫星送上太空。

第三个独立发射卫星的国家是法国，它于1965年11月26日成功发射了"试验卫星1号"。

日本于1970年2月11日把"大隅号"卫星送上九天，成为第四个发射卫星的国家。

中国是第五个能独立发射卫星的国家。1970年4月24日，中国用"长征一号"(代号CZ–1)火箭把"东方红一号"卫星射入近地点439千米、远地点2388千米、倾角68.5°的轨道。这颗卫星是一个直径约1米的近似球形的多面体，质量173千克，

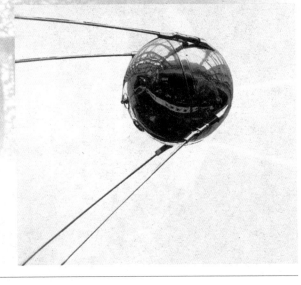

图3–2　苏联发射的世界上第一颗人造地球卫星，又称"人造地球卫星1号"，主要任务是测量近地空间的各种物理参数，在轨运行92天

比苏、美、法、日四国的第一颗人造卫星的总质量还大(图3-3)。

　　由于人造卫星的本领非凡,所以后来又有英国、印度、以色列等许多国家相继加入"追星族",自行研制和发射卫星,而全世界使用卫星的国家就更多了。

　　当第一颗人造地球卫星上天后,人们很快就想到,在远距离通信中可以利用人造卫星作为中继站,这样可以大大增加通信的传输距离。于是,美国于1960年8月发射了第一颗此类卫星"回声1号"。其实,早在1945年英国科幻作家克拉克(Arthur Charles Clarke)就提出设想:"在地球赤道平面离地球35 860千米的高空,以120°的间隔放置3颗卫星,就可覆盖全球绝大部分表面,建立全球性的卫星通信网。"实践证明,克拉克的设想是正确的。通信卫星

图3-3　中国第一颗人造地球卫星"东方红一号"的任务是进行卫星技术试验、探测电离层和大气密度。它以20.009兆赫频率发射信号,在太空工作了21天

具有传输距离远、通信容量大、机动灵活等许多显著的优点。

此后，人们又发现这种在空间轨道上环绕地球运行的无人航天器具有非常广泛的用途，其中最主要的是利用太空的高远位置来获取和转发信息。例如，用卫星观测天体可不受大气层的阻挡，接收来自天体的全波段电磁波辐射；卫星1天可绕地球飞行好多圈，迅速获取地球的大量信息，不受领土、领空、地理和气候条件限制；等等。人造地球卫星自然就成为发射数量最多、用途最广的一种航天器了。

卫星应用技术在国民经济、国防建设、文化教育和科学研究等领域正发挥越来越重要的作用，其综合效益十分明显。航天技术主要也是通过卫星应用转化为直接生产力和国家实力。卫星应用系统是航天工程系统的组成部分，同时也深深地渗透到众多的其他应用部门，因而发展成为应用部门的新技术系统。如今，全世界已有近60个国家投资发展航天技术，有170多个国家和地区都发展了卫星应用。

群星闪烁竞相争辉

随着卫星技术的日新月异，其种类也越来越多，令人眼花缭乱、目不暇接。按用途可把它们分成三大类：

一类是科学卫星　它用于科学探测和研究，即在卫星上携带望远镜、光谱仪器等，了解高层大气、地球辐射带和极光等空间环境，观察太阳和其他天体。美国的哈勃空间望远镜（图3-4）是其典型代表，发现了许多具有重要价值的天文现象。

另一类是技术试验卫星　这种卫星相当于一个太空试验室，专门用于试验重要的航天新技术、新原理、新方案、新设备和新材料等，待成功后才投入实用。这类卫星数量较少，但试验内容广泛。例如，无线电新频段传输、空间交会对接等技术，都是在利用这类卫星进行试验后才使用的。

图3-4 1990年4月，哈勃空间望远镜由航天飞机发射入轨。它是美国国家宇航局和欧洲空间局合作的一个长寿命空间观测台，运行在600千米的近地轨道，曾在轨维修4次

第三类是应用卫星 它直接为国民经济和军事服务,因而种类最多,数量最多,用途也最广,产生了巨大的效益,对现代社会发展影响深远。专为国民经济服务的称民用卫星,专为军事目的服务的称军用卫星。不过,也有不少应用卫星是军民两用的。

在应用卫星世界里,又有"三国"鼎立,它们各自具有鲜明的工作特点,谁也无法替代谁。

其一是通信卫星,它是把卫星作为无线电中继平台,转发来自地球或低轨道卫星的无线电信号,传输信息,相当于一个太空"二传手"。中国 1997 年发射的"东方红三号"卫星就属于这类。

其二是遥感卫星,它把卫星用作空间观测平台,用卫星上装载的各种遥感器或探测器,收集来自地球的多种信息。气象卫星、资源卫星和侦察卫星等均是这种卫星中的代表。

其三是导航卫星,它算得上是太空中的"指南针",卫星上装有无线电信标机、应答机等,可作为导航、定位和大地测量的基准点。大名鼎鼎的全球定位系统(GPS)现在是这一领域的"霸主"。

虽然卫星千姿百态、功能各异,但总的来说均由专用系统和保障系统两部分组成。专用系统用于直接执行特定的任务,是卫星的核心,主要有转发器、遥感器和探测器等几类,具体装什么则随卫星的任务而定。保障系统是各类卫星所共有的,包括结构、热控、电源等,相当于公共汽车,转发器"坐"上去就是通信卫星,而遥感器"坐"上去就变为遥感卫星了。

数以千计的人造地球卫星遨游在宇宙"公海"里"淘金",已为人类带来了巨额财富。号称"千里眼"的遥感卫星不仅叱咤风云,还能招财进宝,探测到许多靠其他手段力不从心的地下宝盆;而通信卫星则成为名副其实的"顺风耳",把人类集中在越来越小的"地球村"中;1994 年建成的 GPS 导航星座更是神通广大,其本领之高如今可谓家喻户晓。

太空这块"风水宝地",是各军事大国竞相抢占的制高点,因为占领它不仅可以获得开采"天堂"丰富资源的大权,而且还能扼控整个地球。于是乎,成像侦察卫星、电子侦察卫星、海洋监视卫星、导弹预警卫星、军事通信卫星、军用导航卫星等"太空战士"纷纷登场献技。20 世纪 90 年代初的海湾战争,美国几乎运用了所有各类军用卫星,标志着陆、海、空、天四维立体战争时代的到来。

人造卫星新技术层出不穷,为当代社会开辟了许多崭新的天地。

通信卫星的出现,使现代通信产生了极大的飞跃,现已广泛用于电话、电报、传真及数据和图像传输等(图3-5),卫星种类也从单一的固定通信卫星,发展到移动通信卫星、电视直播卫星等等。

移动通信卫星是当今社会的"新宠",它圆了人们希望随时随地都能进行通信的梦想。它具有不受地理障碍约束和用户运动限制等优势,使光纤通信相形见绌。现有静止轨道移动通信卫星和中低轨道移动通信卫星两种。

当代静止轨道移动通信卫星广泛用于全球海、陆、空移动通信,并有导航功能。

图3-5 国际通信卫星是国际通信卫星组织经营的商业通信卫星系列,现在已发展到第9代,为全球200多个国家和地区提供各类通信业务

中低轨道移动通信卫星也已开始应用。它能克服静止轨道移动通信卫星信号衰减大、传输延时长、轨道资源紧张、无法覆盖地球两极等先天不足,对卫星通信发展具有重大推动作用。一个很好的例子就是美国摩托罗拉公司于1998年建成由66颗卫星组成的铱星系统,用户可用手持机在全球任何一个地方随时进行通信。

让每个家庭直接接收卫星电视信号,一直是研究的热门项目。美国早在1993年,就把第一颗采用数字视频压缩技术的电视直播卫星送上了

太空，使卫星电视广播上了一个新台阶。这种卫星可提供上百套电视节目，每个家庭只需装一个直径约 0.5 米的天线和接收译码器，就能直接接收高质量的卫星电视节目，它对有线电视网冲击较大。1996 年开始，美国开始向个人电脑用户提供卫星电视直播，因而使得用户从互联网上下载信息的速度，要比通过电话联网快得多。

美俄还使用跟踪与数据中继卫星，来为低轨道航天器提供连续实时通信。

通信卫星总的发展趋势是，高、中、低轨道卫星系统并存发展，区域性通信将主要采用高轨道卫星，全球性通信主要采用中低轨道卫星。通信卫星正成为建立信息高速公路的支柱，它比光纤通信更便宜、更易实施。

目前全世界几乎所有国家和地区都在应用地球静止轨道上的通信卫星。用它提供 80% 的洲际通信和 100% 的国际电视转播，以及开通部分国内或地区的通信和电视广播业务。现在卫星通信已能够提供 100 多种不同的业务，除电报、电话、传真、数据传输、电视广播、远距离教育、无线电广播和海洋移动通信等外，还能提供电视电话会议、应急救灾、远程医疗、银行汇兑、电子文件分发、报刊印刷、电子邮政、资料检索与传输、计算机联网等等业务。

得天独厚遥感大地

气象和人类的生存密切相关。劳动人民从实践中，很早就学会了许多推测未来天气变化的本领。气球、无线电探测仪和气象火箭的出现，使气象观测水平大大提高，但它们仍有较大的局限性。例如，受地理条件的限制，许多人迹未至的地方气象很难探测。气象卫星的出现弥补了上面所说的不足，它具有视野广阔、自由出入、长期连续和不需动力等一系列优点，已成为当代气象观测诸手段中最先进的一种，在国计民生中举足轻重。

气象卫星现有低轨道极地气象卫星和高轨道静止气象卫星两

种。它们在功能上互有分工,相互补充。前者轨道高度约 800~1500 千米,利用可见光和红外辐射拍摄云图,并测量大气中垂直水气的分布,进行全球范围的观测,提供中长期数值天气预报所需的资料,但因无法连续观测同一地区,不适用于短期天气预报。高轨道静止气象卫星(图 3-6)则与前者刚好相反,从 35 800 千米的高度上,用遥感仪器拍摄大面积云图,了解其随时间变迁的情况,从而得到风和大气沉积的运动过程,主要用作区域性短期天气预报。目前美国的静止轨道环境卫星、日本的静止轨道气象卫星、欧洲的气象卫星和环境卫星、中国的"风云一号"极轨气象卫星等,共同组成了全球性观测系统。两种轨道卫星的相互结合,对不同大小范围的中、短期天气预报起着十分重要的作用。

　　气象卫星上的成像仪(如电视摄像机)可从上往下拍摄云图。卫星还装载垂直探测器(如扫描辐射计),用来探测云的形状、云顶高

图 3-6　"风云二号"是中国第一代静止气象卫星,主要任务是获取云图、播发观测数据、收集空间环境监测数据等。该系列的卫星现已发射 4 颗,其中第一颗于 1997 年 6 月发射成功

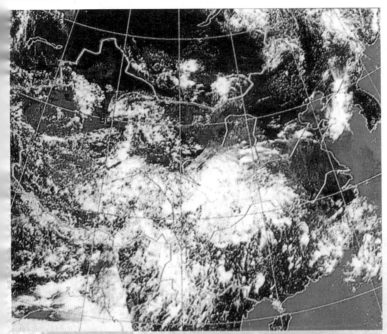

图 3-7　台风卫星云图

度、大气温度等。

　　自 1960 年 4 月美国发射第一颗气象卫星"泰罗斯 1 号"以来，已先后有近 200 颗气象卫星入轨，使天气预报的准确率大大提高。经过 40 多年的发展，气象卫星在全世界已经成为一个庞大的空间信息系统。气象卫星资料在天气预报、特别是灾害天气预报中作出了重大贡献，并在自然灾害和地面动态监测方面发挥了重要作用(图 3-7)。据报道，发射一颗价值 2 亿美元的气象卫星，可减少因天气恶劣带来的价值 20 亿美元的财产损失，因而投入收益比可达1:10。

　　目前气象卫星正向一星多用、综合利用的方向发展，除气象外，还兼有海洋和环境监测功能。星上遥感器也在不断改进，以提高云图分辨率和大气垂直分布的探测能力。

　　由于生产飞速发展和人口不断增加，人类对自然资源的需求量越来越大。然而，因为条件限制，许多自然资源到现在还沉睡在人迹罕至的深山密林、茫茫沙漠和浩瀚大洋之中，用一般方法很难勘探。地球资源卫星的出现，使这些难题迎刃而解。这种卫星不仅使人类能从新的高度观测地上的各种现象及其变化，还把人的视觉从可见光范围扩展到紫外、红外及微波辐射区，把人类对地观测带入一个新阶段。它是当代最先进的资源探测手段，不仅可节省大量人力、物力和财力，还能完成许多用其他方式鞭长莫及的任务。

　　例如，资源卫星离地的高度一般在 700 千米左右，比飞机的飞行高度高上百倍。用资源卫星普查我国全境的资源，只需拍 300~500 张照片，而用飞机普查就需拍 50 万~100 万张照片。

　　与气象卫星相似，资源卫星也是利用装在星上的遥感器收集地球上的电磁波，从中提取有用的信息，并据以分析、判断、识别被测物体的性质和所处状态(图 3-8)。但它的轨道高度一般比气象卫星的要低，以便详细探测地面。

　　资源卫星通常可分为陆地资源卫星和海洋资源卫星两种。

图 3-8　中国研制的返回式遥感卫星。从 1975 年 11 月开始，中国成为世界上第三个能从地球轨道上回收卫星的国家，现已成功发射 23 颗，成功回收 22 颗

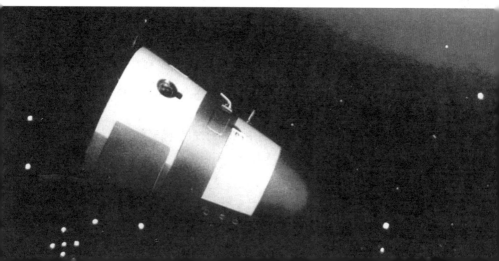

图3-9 中国与巴西联合研制的"中巴地球资源卫星",首颗于1999年10月发射,现已发射2颗。主要用于监测国土资源变化、农作物长势和产量、自然及人为灾害等

　　陆地资源卫星用作农作物估产、土壤调查、洪水灾害评估、资源考察、地下和地表水资源探寻以及环境监测等。而海洋资源卫星则用作对海面风向、风速、浪高、波长、波谱、海面温度、大气水含量、海冰覆盖与海冰移动参数的测量。1972年7月,美国发射了世界上第一颗陆地资源卫星"陆地卫星1号"。1978年6月,美国又发射了第一颗海洋资源卫星"海洋卫星1号"。由于资源卫星在国民经济建设的各个领域发挥越来越重要的作用,对经济和社会的可持续发展具有巨大的影响,所以世界各国都非常重视(图3-9)。目前最先进的资源卫星当推美国的"陆地卫星7号"和法国的"斯波特5号"。

　　资源卫星上一般装有高分辨率摄像机,它们工作在可见光和红外波段。有的卫星还携带了多光谱和紫外遥感器以及合成孔径雷达,从而能全天候、全天时工作,并可以探测地下信息。

资源卫星现在从光学遥感向微波遥感,从单一遥感向多功能遥感等方向发展,总的趋势是研制大型综合系统和小卫星系统,并与多种卫星协调工作,不断提高卫星的分辨能力。

永不迷航空中指南

在茫茫大海中航行的舰船,须知道自己的位置和航向,才能保证安全,为此要装备导航设备。在导航卫星问世前,大多使用无线电导航、惯性导航等方式。它们均有明显的不足,有的受气象条件限制,有的受航行距离影响,还有的导航精度较低。导航卫星的升空,已把这些先天不足"一笔勾销"。

导航卫星实质上是把地面导航台搬到太空上去,因而不存在气象、航行距离等制约,具有高精度、全天候、能覆盖全球和用户设备简便等优点,适用于各类复杂多变的情况。

卫星导航的原理是把卫星作为基准点。自从 1960 年美国发射第一颗导航卫星"子午仪"至今,导航卫星已发展了两代。第一代卫星"子午仪"采用多普勒测速法,只能进行二维定位,并且不能连续导航。第二代卫星 GPS 采用时间测距法,由 21 颗工作星和 3 颗备份星组成星座（图 3-10),分布在轨道倾角 55°、

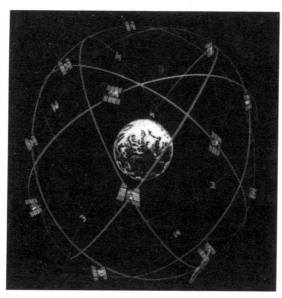

图 3-10 美国于 20 世纪 70 年代开始研制 GPS 全球定位系统,耗资 200 亿美元,于 1994 年全面建成,具有海、陆、空、天全方位实时导航和定位的能力

视 点

图 3-11 以欧洲国家为主研制的"伽利略号"导航卫星系统,计划 2008 年正式发射组网,2009 年投入运营

轨道高度 20 183 千米的 6 个轨道平面上,运行周期 12 小时,可为用户提供全球性、全天候、连续、实时的三维高精度导航定位。它从 1998 年全面投入运营以来,已经形成一个年产值超百亿美元的大产业,被誉为 20 世纪最伟大的科技成就。

GPS 的全称为"导航星全球定位系统",军用为主,民用为辅。它的定位精度优于 10 米,测速精度优于每秒 0.1 米,是目前最先进的导航设备,已广泛用于军事、交通、航空、测量、勘探和农业等部门。由欧洲各国共同打造的新一代全球定位系统"伽利计划"(图 3-11)正在实施中,这个计划将向距离地球 2.4 万千米的太空发射 30 颗卫星,分布在 3 个轨道平面上,定位精度可达 1 米,成为世界上第一个民用全球导航卫星系统, 从而打破美国 GPS 独霸全球卫星定位系统的局面。"伽利略号"卫星定位系统能与 GPS 兼容,除了能提供"安全运行服务"及"商业服务"外,它还能提供 GPS 所不

能提供的"紧急救援服务"。"伽利略号"卫星定位系统有望为 2008 年北京奥运会作出贡献。

俄罗斯目前正在恢复"全球导航卫星系统"(GLONASS),它的星座布置与"伽利略号"相类似,但轨道高度稍低,约 1.9 万千米。这个系统本来在 1995 年已建成并投入使用, 但后来由于替补卫星未能及时发射,致使整个系统在 21 世纪初陷于崩溃。如今计划于 2008 年前补充足够的卫星,使其达到可以使用的水平。由于它主要是为军用和国内民用,而且定位精度也只有 50 米,故不会对 GPS 构成威胁。中国在新世纪里也建立了由自己的两颗静止卫星组成的"北斗号"导航定位系统,这是世界上第一个区域性卫星导航系统。它与全球性的系统相比虽显局限,但在很短时间内用很少的经费建成并服务于中国核心地区,仍堪称是一项符合中国国情的创新工程。

在现代战争中,侦察、通信等都占有极为重要的地位,而军事卫星可为它们提供最先进的手段。例如,当前靠深入敌方腹地进行侦察十分困难,用飞机去探秘也不保险,最理想的手段就是用侦察卫星。侦察卫星具有侦察范围大、速度快、长期连续、不受国界和地理条件限制等"特异功能",已在多次战争中大显身手。因此,各国发射的军用卫星数量很多,占世界各国航天器发射数量的 2/3 以上。20世纪 50 年代末,人造卫星开始试验用于军事目的;到 20 世纪 60 年代中期,各种军用卫星相继投入使用;70 年代之后,军用卫星得到很大发展,已经成为许多国家现代作战指挥系统和战略武器系统的重要组成部分。

军用卫星中最多的是侦察卫星,包括照相侦察卫星、电子侦察卫星、海洋监视预警卫星、导弹预警卫星和核爆炸监视预警卫星等。军用卫星中还有军事气象卫星、军事导航卫星、军事通信卫星、军事测地卫星等。

当今最先进的光电成像侦察卫星是美国的 "高级型锁眼"KH-11,其分辨率达到 0.1 米,并具有较强的机动变轨能力(图 3-12)。美

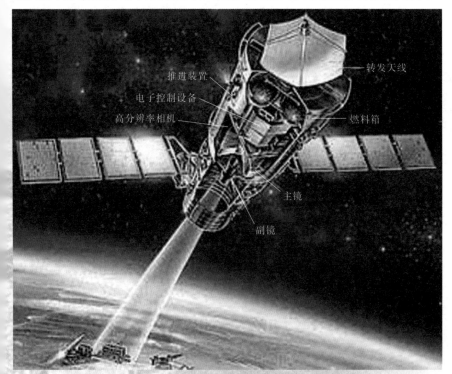

推进装置
电子控制设备
高分辨率相机
转发天线
燃料箱
主镜
副镜

图 3-12　美国第一代数据传输型照相侦察卫星 KH-11,每分钟可拍摄 8~12 帧照片,图像实时传回地面,是美国对全球卫星侦察的一大主力

国还拥有雷达成像卫星"长曲棍球号",能全天候、全天时探测目标。电子侦察卫星用于侦收敌方雷达、电台的信号,使敌人防不胜防。导弹预警卫星像是一个站在 3.6 万千米高处的忠实"哨兵",日夜鸟瞰敌方导弹何时起飞,一旦升空便报警、跟踪。在 1991 年的海湾战争中,美国"爱国者号"导弹就是靠这一"天眼神星"的及时预报,打掉了绝大多数来袭的飞毛腿导弹。21 世纪前期,能同时探测战略和战术两种导弹的新一代预警卫星将可服役。

　　其他军用卫星也各有特点。如军用通信卫星的"绝招"是保密性强,能抗干扰等。

　　军事卫星的主要发展趋势,是提高卫星的生存能力和抗干扰能力,实现全天候、全天时覆盖地球和实时传输信息,延长工作寿命,扩大军事用途。

　　除了应用卫星外,科学卫星和技术试验卫星对社会进步也起了积极的推动作用。例如,天文卫星的出现,使天文学取得了长足的进步;技术试验卫星则为人造卫星的发展充当排头兵,因而也功不可没。

　　20世纪发明的人造地球卫星,改变了人类社会的思维、工作和生活方式,成为现代社会发展的巨大动力。

　　如今,人造卫星正朝着两个方向发展,一是大型、综合、可维修和长寿命,使地面用户设备进一步小型化,并兼有通信、气象和导航等多种功能;二是积极研制小型卫星,用多颗小型卫星来实现大型综合型卫星的功能,从而降低造价,增强生存能力和适用性。

第四章　通向太空的运载火箭

遨游太空是人类自古以来的愿望，但只是到了 20 世纪才成为现实。这是因为克服地球引力到太空去，和局限于大气层内的飞行有质的不同。为了航天，必须研制出一种既能在大气层内飞行，又可在大气层外飞行的运载器，才能摆脱地球的引力飞到九霄云外。经过人们艰苦卓绝的努力，实用的"天梯"——运载火箭终于问世。

20 世纪初，齐奥尔科夫斯基从理论上证明了用多级火箭可以克服地球引力而进入太空，并肯定了液体火箭发动机是航天器最适宜的动力装置。其后戈达德把航天理论与火箭技术相结合，提出了火箭须有 7.9 千米/秒的速度(第一宇宙速度)才能克服地球的引力，认为只有液体火箭才能提供航天器所需要的能量，并于 1926 年成功发射了他制造的世界上第一枚液体火箭。

第二次世界大战中，德国人利用火箭技术研制出第一枚弹道导弹 V-2，在工程上实现了 20 世纪初航天先驱者的技术设想，对现代大型火箭的发展起了继往开来的作用。它是人类拥有的第一件向地球引力挑战的工具，标志着现代火箭的问世，并由此揭开了现代火箭发展史的扉页。

登天云梯靠动力

现代火箭是一种靠火箭发动机喷射工质，产生反作用力向前推进的飞行器。它携带全部推进剂——包括燃烧剂和氧化剂，不依靠外界工质产生推力，故既可在大气层内，也能在大气层外飞行。根据用途的不同，火箭可装载各种不同武器，专称为导弹；当它装载某些

科学仪器或卫星等各类航天器时,就称为运载火箭;而当它用来探测大气层有关数据时,则称为探空火箭。按动力分类,还可分为化学能火箭、电火箭、核火箭、光子火箭和太阳能火箭等。目前,航天飞行用的运载火箭均为化学能火箭。

运载火箭是由多级火箭组成的航天运输工具,其用途是把人造地球卫星、宇宙飞船、空间站和空间探测器等航天器送入太空中的预定轨道。如上所述,它是由第二次世界大战后在导弹的基础上开始发展的。苏联成功发射第一颗人造卫星的"卫星号"运载火箭,就是用洲际弹道导弹改装而成的。

火箭是通过燃气流产生的反作用力来克服地球引力向上飞的,而且理论和实践都证明,用火箭发射人造地球卫星的条件是必须把卫星加速到第一宇宙速度。按照现代火箭发动机的性能和结构水平,目前单级火箭所能达到的飞行速度,都不超过6千米/秒。因此,时至今日,世界上还没有一个国家能用单级火箭把人造地球卫星送上太空。事实上,各国均是用由2~4级独立推进的火箭组成运载火箭,以"接力"方式不断加速,从而飞向太空。

当然,随着火箭级数的增加,火箭系统会变得越来越复杂,可靠性也将下降,因为只要其中一级火箭出了故障,就会导致箭毁星亡。用于发射载人航天器的运载火箭,对可靠性要求更高,一般不超过两级。从发展趋势看,世界各国倾向于采用一级半(一级加上捆绑助推火箭)结构形式的运载火箭来作为载人运载工具,并开始研制单级运载火箭。新型高性能火箭发动机和新材料等的相继问世,正在使单级火箭从不可能变为现实。

目前世界上能够自制运载火箭且自己发射航天器的国家或国际组织,有美国、俄罗斯、欧洲空间局(以法国为主)、中国和日本等。运载火箭有不同的结构、不同的推力和不同的推进剂。使用不同推力级别的火箭,可以将不同重量的航天器送入不同的轨道。

俄罗斯地处高纬度地区,发射同样载荷重量的航天器所需的火

箭推力较大,所以俄罗斯具有重型运载火箭,如"能源号"(图4-1)、
"质子号"(图4-2)等,用来发射空间站、载人飞船和货运飞船。从20
世纪50年代起,苏联陆续研制了"东方号"系列(图4-3)、"联盟号"
系列(图4-4)、"旋风号"系列以及"宇宙号"、"天顶号"等十余种运
载火箭。其中使用最频繁的是"联盟号"和"质子号",至今这两种系
列运载火箭仍然承担着主要的运载任务。

　　美国也是最早发展运载火箭的国家。20世纪50年代起美国先
后研制了"先锋号"、"丘诺号"系列、"雷神号"系列、"宇宙神号"系列
(图4-5)、"德尔塔号"系列(图4-6)、"侦察兵号"系列、"红石号"、
"土星号"系列、"大力神号"系列、"大篷车号"系列、"飞马座"、"金牛
座"等几十种运载火箭。目前仍然在使用的主力是"德尔塔号"系列
运载火箭。

图4-1　"能源号"运
载火箭为重型通用
运载火箭,低轨道的
运载能力为105吨。
它仅使用过两次,最
后一次是1988年将
"暴风雪号"无人航
天飞机送入太空

图 4-2 "质子号"运载火箭有二级型、三级型和四级型 3
种型号。三级型主要用于发射空间站舱段;四级型主要用
于发射大型卫星,低轨道运载能力达到 21 吨

　　自 20 世纪 60 年代起,欧洲空间局和法国、英国等国家研制的
运载火箭,主要有"黑箭号"、"钻石号"系列、"欧洲号"系列、"阿里安
号"系列等十多种运载火箭。其中"阿里安号"系列是后来崛起的一
种运载火箭,目前在国际卫星发射商业市场上占有近 60%的业务。

　　日本自 20 世纪 60 年代起,开始发展运载火箭,先研制了 L 系
列运载火箭,并用其发射了日本第一颗人造卫星,而后陆续研制了
M 系列、N 系列和 H 系列等十余种运载火箭。其中,L 系列和 M 系
列运载火箭全部使用固体推进剂发动机,目前仍然在使用的是 H

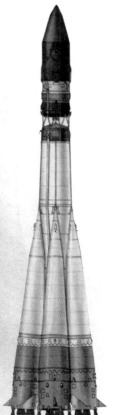

图 4-3　苏联的"东方号"运载火箭是世界上第一种载人运载火箭,它将世界第一位航天员加加林乘坐的"东方 1 号"飞船送入太空,开启了人类进入太空的大门

系列中的"H2 号"运载火箭(图 4-7)。

　　中国是世界五大航天大国之一,运载火箭是"长征号"系列。该系列在完成中国的卫星和飞船发射任务的同时,还部分承担世界商业卫星发射业务(图 4-8)。"长征号"系列火箭与"阿里安号"系列火箭一样,在世界上具有较高的声誉。中国是掌握卫星回收技术的第三个国家,是掌握火箭高空再点火的第二个国家。

　　除此之外,其他一些国家,如印度、乌克兰、巴西等,也各有自己的运载火箭,只是名声都不如前述国家显赫罢了。

图 4-4   "联盟号"运载火箭主要用于发射"联盟号"系列载人飞船,是世界上使用最频繁的运载火箭之一,已发射 1000 多次,成功率高达 97.9%

火箭列车接力赛

看过运载火箭发射的人都会有这样的感受:火箭就像一条"火龙"那样直冲九霄云外。火箭发动机是"火龙"的心脏,它是目前实现宇宙飞行的唯一动力装置。这是因为它自带推进剂,不需要空气中的氧气来助燃,故可以如天马行空、独往独来。

发射各类航天器的运载火箭,目前均采用化学火箭发动机,它由燃烧室和喷管组成。化学推进剂既是能源也是工质,它在燃烧室内进行放热反应,将化学能转化为热能,生成高温燃气,经喷管膨胀

图 4–5　"宇宙神号"为具有 20 种型号系列的运载火箭,有一级半、二级半和三级半之分,主要用来发射各种轨道军用和民用卫星,以及月球和行星探测器

图 4–6　"德尔塔号"是美国使用最频繁的运载火箭,现已发展了四类 40 多个型号。它是三级运载火箭,一级和二级使用液体发动机,三级使用固体发动机

加速,将热能转化为气流动能,以 1500~5000 米/秒的高速从喷管排出,产生推力。化学火箭发动机按推进剂的物态,又分为液体、固体和混合推进剂三种。

现代液体火箭发动机,是从 20 世纪 30 年代发展起来的,具有性能高、能多次启动、推力可调节、适应性强、运载能力大、使用可靠等优点,使航天从理想变为现实。它现已被广泛用于火箭的助推发动机、主发动机、高空发动机、姿态控制发动机和轨道转移发动机,既是现代航天技术发展的基础,也是运载火箭动力装置家族中最主

图 4-7 "H2 号"运载火箭是
日本自行研制的运载火箭,
两级均为液氢/液氧发动机,
加上 2 枚固体助推器,主要
承担低轨道(10 吨)和高轨道
(3.8 吨)卫星的发射任务

图 4-8 中国自行研制的"长
征号"系列运载火箭,从"长征
一号"到"长征四号"共 12 个型
号。近地轨道的运载能力 9.2
吨,地球同步转移轨道的运载
能力 5 吨

要的成员。随着各国竞相发展航天技术,液体火箭发动机的技术也
日臻成熟,大推力液体火箭发动机正朝着高性能、高可靠性、低成
本、无污染和可重复使用的方向发展。

　　火药是中国古代伟大发明之一,用黑火药制成的火箭就是早期
的固体推进剂火箭。然而,这种由木炭、硫磺和硝石组成的黑火药能
量低,长期以来限制了固体火箭的发展。1942 年复合推进剂的出

现,揭开了固体火箭发展新的一页。现代固体火箭发动机是从20世纪50年代中期迅速发展起来的。

液体火箭发动机使用常温下呈液态的可贮存推进剂和低温下呈液态的低温推进剂,能满足航天器对推进系统的多种要求。如液氢/液氧发动机的比冲可达到每千克4800牛·秒,单元推进剂姿态控制发动机启动次数可达几十万次。固体火箭发动机的推进剂,则采用分子中含有燃料和氧化剂的有机胶状固溶体或采用几种推进剂组元的机械混合物(复合推进剂),直接装在燃烧室内,比冲可达每千克3000牛·秒。

与液体火箭发动机相比,固体火箭发动机突出的优点是结构简单和使用操作方便,能长期处于待发射状态。它没有液体火箭发动机所必需的贮箱、阀门等复杂装置。它的缺点是能量较低、多次启动难。由于固体火箭发动机具有较高的密度比冲,能适应在旋转状态下工作和在失重状态下点火,并能在短时间内发出巨大推力,因此仍然用于飞行器的助推、分离和起旋,在航天事业中发挥着重要作用。

有没有把液体和固体推进剂组合起来的化学火箭发动机呢?回答是肯定的。它叫混合推进剂火箭发动机,比冲和体积比冲介于液体和固体火箭发动机之间,能像液体火箭发动机那样进行推力调节,而且只需一套液体管路、活门和附件,系统比较简单,兼有液体和固体火箭发动机的特点。但遗憾的是,目前这种发动机的燃速低、燃烧不均匀、效率低,仅适用于发射一些执行特殊任务的导弹。

由此可见,液体火箭和固体火箭发动机是运载火箭家族中的两条"火龙"和两根"台柱子",尤其液体火箭又是其中的"顶梁柱"。

云梯内脏细剖析

运载火箭一般由2~4级组成,每一级都包括箭体结构、推进系统和飞行控制系统。其中箭体结构的作用是装载火箭的所有部件,使之成为一个整体;推进系统是火箭飞行的动力源;控制系统的任

务是使火箭按预定轨道飞行。火箭所要运送的物体叫有效载荷,一般装在末级顶端。

　　火箭发动机是火箭的推进系统,它包括主动力系统和辅助动力设备。控制系统是火箭的"智能"部分,由制导系统、姿态控制与电源配电组成。箭体结构不仅在火箭运输、发射和飞行过程中承受各种外力,保护箭内仪器不受损害,而且还有流线型的光滑外壳,使火箭具有良好的空气动力外形和飞行性能。箭体结构通常由有效载荷舱、整流罩仪器舱、氧化剂贮箱、燃料贮箱、级间段、发动机推力结构、尾舱和分离机构等组成。

　　许多运载火箭的第一级外圈捆绑有助推火箭,如中国的"长征二号捆"(代号 CZ–2E)火箭就捆绑了 4 台助推火箭,因此简称"长二捆"(图4-9)。实际上,多级火箭有三种组合形式:串联、并联和混合

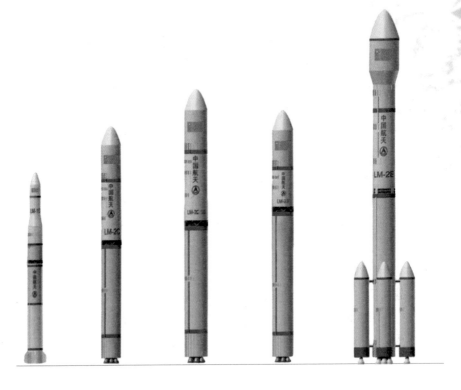

式。如同电路一样,串联式火箭结构紧凑,气动阻力小,发射设备简单;并联式火箭(即捆绑式)发射时所有的发动机可同时点火,故推力大,但发射设备复杂,费用高;串联和并联同时使用的混合式兼有上述两种方式的优点和缺点,目前使用广泛。

　　目前运载火箭的推进剂大多采用液体双组元推进剂,其中第一、二级多用液氧/煤油或四氧化二氮/偏二甲肼为推进剂,末级采用高能液氧和液氢推进剂。火箭的制导系统大多用自主式全惯性制导系统,进行星际飞行的火箭还要使用天文导航和无线电导航系统。

　　与大型导弹不同,运载火箭的设计特点是通用性、经济性和在使用过程中进行不断改进。要在商业竞争环境中求发展,就要有通用性,也就是要使火箭能适应各种重量和尺寸的卫星要求,可将有效载荷送入多种轨道。

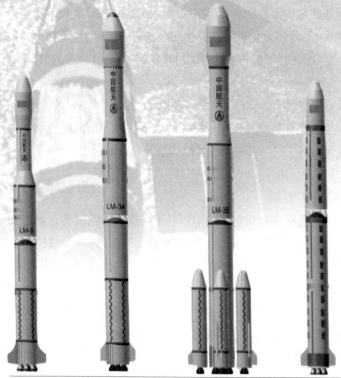

图4-9　"长征号"系列火箭雄姿,左起第五枚是"长征二号捆"

随着航天技术应用范围的不断扩大,世界各航天大国在运载火箭市场上的角逐也日趋激烈,这就更加快了运载火箭更新换代的速度。几十年来,运载火箭已经走过了四个发展阶段:

第一是初级阶段 它是在第一代弹道导弹的基础上发展起来的,以国家安全和科学探索为目的,只能发射低轨道卫星。这个阶段的典型代表是苏联的"卫星号"和"东方号"、美国的"大力神2号"和中国的"长征一号"及"长征二号丙"(代号CZ-2C)等。

第二是过渡阶段 它是以高能上面级火箭为特征的运载火箭,用于发射高轨道卫星,典型代表是欧洲的"阿里安号"、苏联/俄罗斯的"质子号"和中国的"长征三号"(代号CZ-3)等。从这一阶段起,航天运载火箭与地地弹道导弹分道扬镳,逐步形成自己独立的体系。

第三是独立阶段 它是以液氢/液氧技术等高技术为基础,以捆绑模块式结构为特征的新型高性能大型运载火箭,用以满足空间技术发展、空间产业化目标和国家安全的需求,典型代表是日本的"H2号"、欧洲的"阿里安4号"和"阿里安5号"以及中国的"长征二号捆"等。

第四是空间产业化阶段 为了适应今后空间产业化的需求,各航天大国现正在研制低成本、高可靠性、无污染、高性能、可重复使用的航天运载工具。其中单级入轨火箭是研制重点之一。

当代火箭在发展

目前,活跃在全球航天发射市场上的火箭有欧洲的"阿里安号",俄罗斯的"质子号",乌克兰的"天顶号",美国的"德尔塔号"、"宇宙神号"和"大力神号",日本的"H2号"和中国的"长征号"火箭等。其中"阿里安号"占据了半壁江山。

"阿里安号"之所以走红,是因为它具有推力大、可靠性高、交货及时等特点,尤其是它可一箭多星,从而使价格适中。另外,由于入轨精度高,故能延长所发射卫星的寿命。现在最新型的"阿里安5

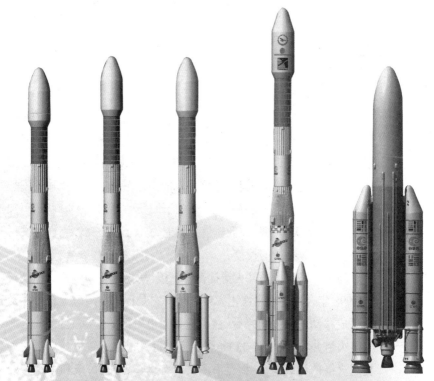

图 4-10　"阿里安号"系列火箭,从左到右依次为 1 号至 5 号。其中"阿里安 5 号"是最新型号,也是欧洲空间局目前推力最大的火箭,主要用于发射各类地球同步轨道卫星(最大 6.9 吨)和太阳同步轨道卫星(最大 18 吨)

号"已经问世(图 4-10),它更先进、更可靠、性能价格比更上一层,将继续保持火箭市场的霸主地位。众所周知,火箭通常都是从地面发射的。然而出于实际需要,现又研制出从空中或海上发射运载火箭的方式,这些特殊的发射方式具有无与伦比的优越性。

美国已把一种叫"飞马座"的空射型火箭投入商用。它由改装的 B52 轰炸机或 L1011 客机携带到空中发射。它的最大特点是发射费用低,发射灵活、快速,这是由于飞机可以作为整个发射系统的第一级。飞机的速度可使运载火箭的性能提高 1%~2%。空中发射时,发射高度上的气压只有海平面的 25%, 故火箭的喷管比较容易设计,不必权衡从海平面到接近真空的工作环境变化。另外,在高空发射运载火箭时不仅结构的热应力小,而且动压也低,这对发射很有利。

在有效载荷一定时，高空发射运载火箭所需的总速度可降低10%~15%。"飞马座"火箭每次发射费用仅是从地面发射相同大小的常规火箭的一半。此外，这种火箭只需极短的发射准备时间，6个技术人员可在两周内把火箭组装起来。由于它能随飞机到处飞行，故发射区域不受地理环境的限制。这些优点能满足军事上灵活快速的发射要求。目前，标准型"飞马座"火箭的低轨道运载能力为400千克，加大型"飞马座XL"火箭的低轨道运载能力为475千克。它们是发射小型卫星运载火箭的佼佼者。

为了与"阿里安号"火箭抗衡，美、俄、乌克兰和挪威四国的公司于1998年合作建成了海上发射系统。它是把半潜式海上钻井平台改制成移动海上发射平台，然后拖到赤道附近的公海上，在其上面安装火箭并发射(图4-11)。在赤道附近发射静止轨道卫星可大大提高火箭的运载能力，而且海上发射有运输方便、污染和噪声影响小、节省土地、容易确保设施的安全距离和增加许多发射场的优势。海射火箭以"天顶号"火箭为基础，地球同步转移轨道的运载能力高达6.5吨，成为"阿里安5号"火箭的一大对手。目前它每年都有发射任务，前途光明。

图4-11　国际海上发射服务公司成立于1995年，由美国、俄罗斯、乌克兰和挪威合资组建，这是"奥德赛号"海上发射平台

现在，随着火箭市场的角逐日趋激烈，航天大国正在以更快的速度研制新型火箭，迎接未来的挑战。可重复使用运载器和单级运载器是研制重点，目标是大幅度降低发射费用，提高可靠性，简化操作，满足各种类型载荷的需求。

中国正在全面开展以新一代运载火箭和可重复使用运载器为重点的航天运载系统的研制工作(图4-12)，以期全面提高运载火箭的整体水平和能力，拓展航天运输系统的应用领域，并为建立完整的航天运输系统奠定基础。新一代运载火箭按照"无毒无污染、低成本、高可靠、安全性好"的原则，形成"一个系列、两种发动机、三个模块"的发展思路，构筑近地轨道运载能力1.5~25吨、地球同步转移轨道运载能力1.5~14吨的新一代运载火箭系列。

展望未来，人类要冲出太阳系，化学能源的火箭显然是不能胜任的。它主要的不足是质量大、工作时间短和能源利用率低，所能达到的速度非常有限，而且又是一次性使用，成本很高。为此科学家正在研制一些新型能源的火箭，它们有望在不久的将来成为现实。其中有：

图4-12　专门用于发射"神舟号"飞船的"长征二号 F"运载火箭，由"长征二号捆"改进而成，仍为两级半火箭。芯级及助推器均使用四氧化二氮/偏二甲肼为推进剂，并在顶端加上整流罩和逃逸塔

电火箭　用电场或磁场将质量远比推进剂小得多的工质电离成粒子，并使它们高速喷出，产生推力。电火箭有用电来加热工质的

电热式火箭、用静电场来加速带电工质的静电式火箭、用电磁场来加速放电以形成等离子体射流的电磁式火箭等几种。

激光火箭　用强激光束加热工质,使之高速喷出,产生推力。它既可作为航天器的空间动力,也可将航天器从地面发射到太空。由于激光发生器不在火箭上,使得火箭结

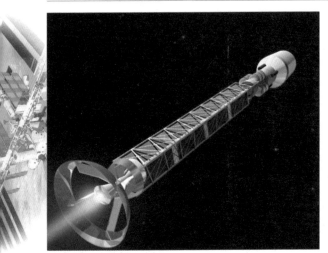

图 4-13　设想中的激光火箭

构变得十分简单。又由于激光火箭上的工质质量只有化学火箭推进剂的 1/10,火箭的成本十分低廉,特别适合从固定地点向空间大量运送建造空间站的物资和向空间工厂运送原料(图 4-13)。

核能火箭　包括两种类型,即以原子核裂变能为能源的核裂变能火箭和以原子核聚变能为能源的核聚变能火箭。它们均具有自身质量轻,而推力特别大的优点。火箭经过不断加速,速度可以达到接近光速,使遨游银河系成为可能。

反物质火箭　利用物质(粒子)和反物质(反粒子)湮灭时放出的能量作为能源的火箭称为反物质火箭。计算表明,只要用 9 千克质子和反质子湮灭产生的能量,来加热 4 吨液氢,就可将 1 吨重的宇宙飞船加速到 30 000 千米/秒,用 40 多年的时间可飞到离太阳系最近的恒星——比邻星。

光子火箭　光子是宇宙万物中运动得最快的,光子火箭就是让物质与反物质湮灭时产生的光子向后喷射,以获得最大前进速度的火箭。

运载火箭技术的发展,正可谓是方兴未艾,前程似锦。

第五章　漫游宇宙的人类使者

茫茫宇宙充满着神奇色彩,点点繁星使人们对它遐想连翩。千百年来,多少名人志士呕心沥血地期盼撩开宇宙的神秘面纱,但终因地球大气层的阻隔及远不可及的距离而没能如愿。20世纪出现的航天技术改变了这一切,使人类能够冲破地球大气层的束缚,把科学探测仪器送到月球、其他行星乃至太阳系外进行明察暗访,甚至进行载人实地考察,谱写了空间探测的新篇章。

让我们拥抱月亮

在人的肉眼里,天空中除太阳之外最亮的就是月亮了。古往今来,数不清的文学家赋予月亮无限的笔墨,把它描绘得美不胜收。嫦娥奔月就是一个流传很广的神话故事。那么,月亮究竟是什么样的呢?那里有庄严的广寒宫、高大的桂树和仙人吗?人类在掌握航天技术后,第一个拜访的地外星球就选择了月亮。这主要是因为月亮是离地球最近的天体,探测它比较容易,而不仅是想去领略那里的美妙风光。实际上,月亮乃是一片没有生命的不毛之地。

月亮,在天文学中称为月球。那么,探测月球又有什么意义呢?刚开始是好奇,但后来人们发现它能大大加深人类对宇宙的认识,包括认识太阳系的演化及其特性,了解空间现象和地球自然系统之间的关系,并由此更深入地了解人类在宇宙中的位置和作用。在探月过程中不仅可以揭示科学奥秘,还能带动其他领域的科技发展。20世纪60年代,"阿波罗计划"载人登月,在美国就带动了超高强度和耐高温材料、新型计算机、遥控作业等一大批高科技工业群体,

后来该计划的许多成果又转化到更广泛的领域,促进了科技与工业的整体发展与繁荣。

月球上有丰富的资源,尤其是它的表面含有大量的氦3。这种在地球上很难得到的物质,可以作为核聚变反应的燃料,提供便宜、无毒、无放射性的能源,其贮量按目前世界能源消耗水平计算可满足大约1万年的需求。月岩中,氧占40%,它可用作探测器的推进剂和生命保障系统的供氧源。所以,开采月球矿藏很有吸引力。

由于月球比地球稳定得多,且没有厚厚的大气层,因而还可作为探测和研究其他天体的平台,是进行天文观测和实验的理想场所。

为此,从1959年1月2日苏联发射第一个无人月球探测器"月球1号"开始,苏美等国竞相发射了许多形态各异的探月器。它们主要以四种方式对月球进行探测:

一是从月球近旁掠过或在其表面硬着陆,利用这个短暂的过程探测月球周围环境和拍摄月球照片。苏联的"月球3号"探测器就以这种方式发回了第一批月球背面照片。

二是以月球卫星的方式取得信息,这样能有较长的探测时间并获取较全面的资料。美国、苏联、日本、欧洲空间局都曾发射过人造月球卫星。

三是在月面软着陆,这样可拍摄局部地区的高分辨率照片、分析月壤、测量月震等。美国"勘测者号"系列 的7个探测器曾陆续在月面软着陆,详细调查月面情况,为"阿波罗号"载人登月挑选理想的着陆点。

四是载人或不载人探测器软着陆后取样返回地球(图5-1),进行实验室分析。美国在20世纪60~70年代成功发射了6艘"阿波罗号"载人登月飞船。航天员们在月球上一共停留了近280小时,行迹达100千米,带回月岩样品近382千克。这一伟大壮举,大大充实了人类对月球的认识。

为了实现阿波罗登月计划，从
1961 年到 1967 年间，美国先后发射
了 9 个"徘徊者号"探测器、7 个"勘探
者号"探测器和 5 个月球轨道器，对月
球进行全面的考察。它们拍摄了照片
并分析了月球的土壤，为人登上月球
作准备。"土星 5 号"运载火箭共向月
球发射了 17 艘"阿波罗号"飞船，其
中 1~3 号是试验用飞船，4~6 号是无
人飞船，7 号飞船载人绕地球飞行，8~
10 号载人绕月球飞行，11~17 号飞船
才是载人登月飞行。"阿波罗 13 号"因
故障而提前返回，未能登月。

　　第一位踏上月面的人是阿姆斯特
朗，他于 1969 年 7 月 21 日乘"阿波罗
11 号"飞船降落到月面后率先走下登
月舱，迈出了人类在月球上的第一步。
后来发射的载人登月飞船有的还带有
月球车，车上有许多科学仪器。航天员
驾车在月面行动，主要目的是扩大活
动范围和减少体力消耗。

图 5-1　"阿波罗计划"中航天
员登上月球后，最重要的任务之
一是采集月壤和岩石标本，并带
回地球。12 名航天员共带回近
382 千克样品，成为人类宝贵的
财富。这是航天员在月面取样的
照片

　　20 世纪 60~70 年代的探月活动获得了丰富的信息，改变了过
去基于地面观测形成的许多传统认识。到了 20 世纪 90 年代，探月
高潮再次兴起，美国、日本、欧洲空间局相继发射了一批月球探测
器，其目的是为未来建立月球基地和开发月球资源作准备。

　　进入 21 世纪以后，人类重返月球又将提上日程。但这次登月与
先前有着根本的不同，它将在月球上建立考察点，并为将来登陆火
星和其他星球做相应的铺垫工作。

　　目前美国国家宇航局正在利用"阿波罗号"飞船和航天飞机的技术,研发一套21世纪的探索系统,用于2018年的重返月球。它既要保证安全可靠和用途广泛,又要经济实惠。系统的核心是一个新型的载人飞船,可以承载航天员往返月球(图5-2),又可以支持未来载人登陆火星的计划,还可以给如今的国际空间站运送航天员和补给物品。新型飞船的外形很像"阿波罗号"飞船,但比"阿波罗号"要大3倍,可同时将4名航天员送往月球。它用太阳能帆板提供动力,载人舱和登陆舱发动机的推进剂很可能使用液态甲烷,这是考虑到未来登陆火星时,要利用火星大气中的甲烷资源。

你好! 红色的火星

　　在晴朗的夜晚,当你抬头注视繁星密布的天穹时,你可曾想过,地球以外的星球上是否也有生命? 在太阳系的八大行星中,火星是

图 5-2　设想中的开发月球

离地球最近且与地球最为相似的一颗行星,人类对它一直十分感兴趣,所以在探测了月球之后,便开始向火星发射探测器,目的是想了解火星上是否有生命、了解太阳系的演化史,等等。

1962年11月,苏联发射了世界上第一个火星探测器,但它在半途失踪。美国的"水手4号"探测器是第一个成功飞掠火星的探测器。它于1965年7月15日从距火星1万千米处拍摄了21幅火星照片,发现火星上存在大量环形山,火星大气密度只有地球的1%,那里没有磁场,没有水。

1972年1月3日,美国的"水手9号"探测器成为第一颗绕火星轨道运行的人造卫星。它成功拍摄了火星的全貌和火星卫星的照片,并确认火星上并不存在所谓的"运河"。火星的一个半球上有许多环形山,另一个半球则比较平坦。

图5-3 "海盗1号"和"海盗2号"火星探测器是世界首次在火星上软着陆的一对探测器,主要任务是探测火星上有无生命,同时勘测火星地貌,研究火星大气和地震活动

美国的"海盗1号"和"海盗2号"探测器的着陆器,分别于1976年7月和9月在火星表面软着陆(图5-3)。它们用所携带的精密仪器分析了火星土壤,测量了风速、气压和温度,并确定了火星的大气成分。探测结果表明,在所着陆的区域没有生命。

1997年7月4日,美国的"火星探路者号"探测器在火星表面着陆。它携带的一辆六轮遥控火星车"索杰纳"在火星上行驶,首次实

现了对火星一定范围内的移动考察。"索杰纳"火星车高 31 厘米,重 10 千克,由高性能锂电池供电,使用激光制导、智能控制和高分辨率摄像机,并由地面进行管理和遥控。它从不同角度和高度与岩石、土壤接触,测定其化学成分和特性,发回了大量火星橙红色的地表景观照片,其中包括许多特写镜头和 360° 彩色全景照片,找到了一些支持"火星生命说"的证据。这次探测的费用只是当年"海盗号"探测器计划的 20%,从而表明,更快、更好、更省的新探测方针是可行的,为今后的行星探测开辟了美好的前景。

1998 年 7 月日本发射了"希望号"火星探测器,成为第三个向火星发射探测器的国家,但可惜最后未能进入火星轨道。

2001 年 4 月 7 日,美国发射"火星奥德赛号"探测器,10 月 26 日进入离火星表面 400 千米的圆形轨道。它从 2002 年 2 月开始了主要的科学测绘任务。好消息很快就传来,当年 3 月 1 日,美国国家宇航局宣布,"火星奥德赛号"传回的火星南极图像和数据表明,火星上有大量的冰。有冰就意味着有水,有水就表明火星上可能有生命或者曾经有过生命。

2003 年 6 月,欧洲向火星发射了第一颗名为"火星快车"的探测器,于年底进入火星轨道。虽然它的着陆器"猎兔犬 2 号"在着陆时失败了,但轨道器的表现相当不错。

2004 年年初,美国的"勇气号"和"机遇号"火星车顺利登陆火星(图 5-4),再次燃起了人类探索火星的热情。这对火星车,都是六轮太阳能电动车,每辆自重 1063 千克,共耗资 8.2 亿美元。它们携带若干先进的科学仪器,期望完成四项任务:寻找火星上是否有水;了解火星的气候;认识火星地质情况;为将来载人登火星作准备。虽然原定设计寿命只有 3 个月,但两年后的今天,它们仍能坚持工作,这大出科学家们的预料。值得一提的是,"勇气号"和"机遇号"两个名字,是从美国中小学生提供的 1 万个名字里选出来的,它是由当年只有 9 岁的科利斯(Sofi Collis)建议的。

图 5-4　美国的"勇气号"和"机遇号"是 2 个同样的火星漫游车,重约 1 吨,于 2004 年 1 月先后在火星表面着陆。它们为火星考察作出了重大贡献

　　20世纪的火星探测已经经历了四个阶段,即派探测器掠过火星、发射人造火星卫星、让探测器在火星表面软着陆和用漫游车在火星表面移动考察。21 世纪将发射无人或载人探测器到火星上取样,然后返回地球进行分析。

　　探测火星有助于弄清太阳系乃至生命的起源和演化,认识地球环境的形成过程。各个行星处在演化进程的不同阶段,具有不同特征。了解研究它们,对深刻认识地球及太阳系均有重要意义。例如,通过研究火星大气的演化和水的消失过程,分析火星大气稀薄寒冷而金星大气却稠密炽热的原因,可正确认识和把握地球环境的变化趋势,使人类更有效地保护地球环境,因而具有既现实又深远的重要意义。

　　火星探测还有助于开拓人类新的生存空间,火星有可能成为地球人类向外移民的首个新家园(图 5-5)。

行星之旅不平坦

　　除了向火星发射探测器外,人类还把无人探测器"派往"金星、

木星、水星、土星等行星。它们有的是"走马观花"，一路几游；有的则是专门"拜访"。行星探测器能克服大气层的阻隔和大大缩短与被测天体间的距离，因而可以更深入地研究行星及行星际空间，从而开创了天文学发展的新局面。

当然，研制和发射行星探测器比搞人造地球卫星更难，因为行星探测器必须获得 11.2 千米/秒的第二宇宙速度，才能摆脱地球引力进入深空。目前，行星探测器大多是沿最小能量航线飞行，最有利的出发日期要隔几个月乃至几年才有一次。例如，飞往火星的良机大约要每隔 26 个月才有一次。返航也是如此，不是随便什么时候都可以，而是要在火星上逗留几百天，直至火星运行到地球前 75°时才能离开火星。所以载人火星探测尚需解决大量技术问题。

另外，行星探测器的控制与导航、电源和通信等也十分复杂，尤其是外行星探测器，由于飞行时间长，距离太阳远，所以必须使用空间核电源。

金星是离地球最近的另一颗行星。有人说，金星是地球

图 5-5　设想中的进军火星

的过去,而火星是地球的未来,因而人类对这两颗行星的探测最多。虽然金星和地球很相似,但它有一些与地球迥然不同的奇特现象。例如,它的自转周期比公转还长,且与公转方向相反,科学家们对此很感兴趣。

从1961年至今,金星探测器有苏联的"金星1号"至"金星16号"、"维加1号"和"维加2号",以及美国的"水手2号"、"水手5号"、"水手10号"和"麦哲伦号"探测器。1967年10月24日,"金星4号"与金星交会后,准确地向金星表面释放了一个着陆舱,并在穿过比地球大气稠密近百倍的金星大气的过程(共94分钟)中,送回首批金星的现场实测资料(温度、压力等)。从20世纪70年代起,苏美两国的金星探测进入第二阶段。1970年12月15日,"金星7号"首次实现了在金星表面软着陆,发回了金星表面及大气内部情况的资料。美国的"水手10号"探测器是第一个探测两颗行星——金星和水星的探测器。它于1974年2月飞到金星附近,探测后又借力飞往水星。"麦哲伦号"探测器于1989年5月4日升空,1990年8月进入金星轨道,探测器上载有合成孔径雷达和高度计。它曾8次接近金星,对98%的金星地貌进行全景测绘。1994年10月12日,"麦哲伦号"探测器与地球失去了联系。最近一次对金星的探测,是2005年10月26日发射的欧洲"金星快车"。它于5个月后进入金星轨道,在为期500天里,首次对金星的大气和等离子环境进行全球性考察,同时对金星的表面进行细节性研究。

2004年8月3日,美国的"信使号"水星探测器发射成功。继先前由"水手10号"拍下1000幅照片之后,这乃是第二个水星探测器(图5-6)。在水星、金星、地球和火星这4颗类地行星中,水星是科学家们最不了解的行星,因此"信使号"水星探测器将载着天文学家30年的梦想,去填补太阳系探索中的一项主要空白。"信使号"耗资4.27亿美元,预计2011年3月进入环水星的大椭圆轨道,进行为期1年的考察,以看清水星的全貌,解开它的许多谜团。

木星是八大行星中最大的一颗。迄 2006 年底，已确认它有 63 颗卫星，很像一个微型太阳系，故科学家认为，了解木星有助于揭开行星系统的起源之谜，建立太阳系形成和演化的模型。第一批访问木星的是美国的"先驱者 10 号"和"先驱者 11 号"两个探测器，它们是采用在行星际漫游的方式进行探测的多面手，先后探测了木星及其卫星、土星及其卫星等。1973 年，"先驱者 10 号"在距木星 1.3 万千米处穿过木星云层时，拍摄了世界上第一张近距离的木星照片。它在探测木星和木卫一之后继续远走高飞。1983 年 6 月 13 日，它越出了海王星轨道，而当时冥王星距离太阳反不如海王星那么远。它是第一个行将进入恒星际空间的人造航天器。"先驱者 11 号"在经历了 1/4 个世纪、100 亿千米的宇宙航行，完成了探测木星和土星的使命之后，于 1997 年开始飞向太阳系的边缘。

1977 年 8 月和 9 月分别升空的美国"旅行者 1 号"和"旅行者 2 号"探测器(图 5-7)，是访问木星的第二批使者。它们带有更先进的观测仪器，观测到了木星背阳面的极光及木星大红斑等。其中"旅行者 2 号"不但对木星和土星进行了探测，还首次探测了天王星和海王星，完成了四星联游的壮举。这两个探测器也正在飞向太阳系的边缘。

早期的探测器均

图 5-6 "信使号"水星探测器将于 2011 年 3 月进入水星轨道，然后探测器上的 7 台科学仪器对水星作 1 年的科学考察

图 5-7 1977 年 8 月和 9 月美国先后发射了著名的行星探测器"旅行者 1 号"和"旅行者 2 号",如今它们均已飞出太阳系

未携带着陆器,且在飞越木星和土星等行星时从远距离进行探测,所以探测时间短、图像清晰度差、数据不全面。为了进一步解开木星之谜,美国于 1989 年 10 月 18 日发射了木星专用探测器"伽利略号"。它由轨道器和子探测器组成,其中子探测器于 1995 年 7 月 13 日与轨道器分离,12 月 7 日进入木星大气层,考察时间 75 分钟。这是人类首次深入木星大气进行实地测量。轨道器在 1995 年 12 月抵达木星轨道后,绕木星飞了 34 圈,并 35 次飞临木星的主要卫星,对它们进行了近距离探测,最后于 2003 年 9 月因燃料耗尽而坠入木

星大气层烧毁。它对木星的观测距离比"旅行者号"近20倍,发回照片的清晰度比"旅行者号"高20~100倍,探测结果与科学家原先的推测有质的不同。它使人类首次完整地观测到木星、木星的卫星及其磁场,是20世纪最重要的行星探测活动。

土星很美,腰部缠绕着绚丽多彩的光环,且与木星一样,本身保留着大量太阳系形成时的原始物质。对它进行探测有助于认识太阳系的形成和发展史,对认识地球自身大气的演变也有重要意义。1979年"先驱者11号"为土星拍摄了第一张近距离照片,并发现了新的土星卫星和新的环。此后,两个"旅行者号"又先后探测土星,大大加深了人们对土星的了解。1997年10月,美国和欧洲空间局联合研制的世界上第一个土星专用探测器"卡西尼号"升空。它与"伽利略号"木星探测器相似,由轨道器和子探测器组成,其轨道器带有12台科学仪器,子探测器带有6台科学仪器。它们在2004年7月抵达土星轨道。2005年1月14日"惠更斯号"子探测器被释放到土星最大的卫星——土卫六上进行探测(图5-8),在2个多小时的降

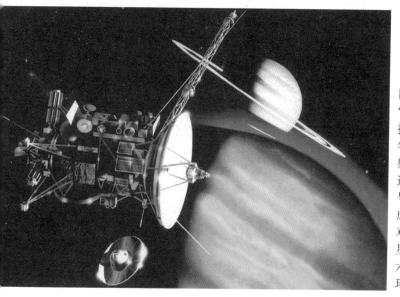

图5-8 美国的"卡西尼号"土星探测器于1997年10月15日发射升空,它由轨道器和"惠更斯号"子探测器组成。主要任务是对土星、土星卫星(尤其是土卫六)以及土星光环进行探测

图 5-9 "新视野号"冥王星探测器外形有如一架钢琴,耗资 7 亿美元。它将在 2015 年成为首颗抵达冥王星的探测器

落过程中采集到大量有用的数据,表明土卫六的大气层结构与地球极为相似,但比地球大气构成更复杂、层次更多。轨道器在以后 4 年的工作寿命中,除绕土星飞行 70 多圈外,还将多次穿越土星光环和接近 9 颗土卫,发回约 80 万张照片,为我们进一步解开土星之谜。

　　人类迄今尚无航天器抵达冥王星附近。为了填补这一空白,2006 年 1 月 19 日,美国发射了"新视野号"探测器(图 5-9),预计行程 50 亿千米,2015 年 7 月从冥王星近处飞过, 对它和它的卫星以及它们置身于其中的柯伊伯带进行近距离的考察,为人类了解太阳系外层的状况和形成过程提供重要线索。

深空漫步景无限

　　航天技术的发展,使天文台插上了强有力的翅膀,不仅能到月球和行星上去"串门",还可以走近小行星、彗星,在日地空间中

"观光"。

　　研究小行星对了解太阳系的形成和演化有特殊意义。小行星上可能有太阳系形成过程中残留下来的原始物质。美国于1996年2月17日发射了一个"近地小行星交会"(简称NEAR)探测器,它的目标是小行星"爱神星"(433号小行星),计划对该小行星作近距离的考察,最后在其上降落。NEAR探测器在飞行4年之后终于靠近了爱神星,看清了它形状像个土豆,长33.8千米,宽12.8千米。NEAR探测器在爱神星上空35千米的高度上绕行了整整1年,发回了约16万张照片,最后于2001年2月12日降落在爱神星的表面,并继续工作10天才与地球失去了联系。这是航天史上深空探测器首次登陆小行星。

　　彗星上也可能保留太阳系形成时的原始物质,可以为我们提供了解太阳系早期历史的线索。探测彗星的本质及其成分,可以了解太阳风的物理化学性质和成分。为此,人类已发射了许多彗星探测器,最主要的是探测哈雷彗星。彗星探测器上一般装有摄像机、中子分析仪等设备,用以探测彗尾中的等离子体密度、温度等。探测器上的变轨发动机用于改变探测器的轨道,以便拦截彗尾,达到直接探测彗尾的目的。1986年哈雷彗星接近地球之际,苏联、美国、日本、欧洲空间局共发射了6个探测器去迎接它,使人类第一次看清了哈雷彗核的真实面貌——像个"暗黑的脏雪球"。美国于1999年2月发射的"星尘号"彗星探测器(图5-10),于2004年1月飞抵"维尔特2号"彗星附近,在距离其彗核240千米处收集尘埃微粒,并于2006年1月15日成功携回彗星样品返回美国本土,首开了航天史上从彗星处取样的纪录。

　　2005年7月4日,美国的"深度撞击号"彗星探测器,非常精确地击中了"坦普尔1号"彗星的彗核表面,并向地球传回不少很有科研价值的清晰图片。这次行动取得了超乎寻常的成功:它令彗核表面的细粉状碎屑腾空而起,在这些漫天飞舞的碎屑中包含有水、二

图 5-10　"星尘号"彗星探测器

氧化碳和有机物,说明彗核并不像人们曾经认为的那样是个大"冰坨"。这是人类首次利用探测器以主动撞击的方式来探测彗星,是空间技术的又一次飞跃(图 5-11)。当天"深度撞击"网站的点击率达到 10 亿次,创造了历史之最。

　　太阳是地球的母亲,为人类提供光和热,直接影响着人类生活。因此深入了解太阳的活动规律,尤其是太阳黑子和太阳风等现象,有着重大意义。从 20 世纪 60 年代以来,世界上一些国家发射了不少观测太阳的探测器,它们可以分为四类:

　　一是从近地轨道上观测。空间站上的航天员就拍摄了大量的太阳照片,发现了许多新现象,为研究太阳耀斑起源和特性等提供了珍贵资料。

　　二是从月球上观测。月球上没有大气和磁场的阻挡,有"阿波罗号"登月期间在月面上安装的收集宇宙线和太阳风的仪器可资利用。

三是使用太阳探测器。它可在靠近太阳的行星轨道上更清晰地观测。美国"尤利西斯号"太阳探测器于1994年9月飞越了太阳两极,首次近距离考察了太阳磁极。1995年9月,它又飞越了太阳北极,首次拍摄到太阳磁场结构图像,大大丰富了人们对太阳的认识。

四是在太阳峰年发射研究太阳的卫星。

1990年起,美国、日本及欧洲空间局等国家和组织开始联合实施国际日地计划(ISTP),发射许多探测器去研究日地空间,从太阳表面,经日冕、行星际磁场直至地球上层大气所产生的各种物理现象。1995年12月,美国和欧洲联合发射了先进的太阳观测卫星SOHO。它安装了12台观测太阳大气、太阳风和太阳振动的仪器,是迄今为止研究太阳的最复杂的探测器,自升空以来已发回大量宝贵

图5-11 "深度撞击号"彗星探测器用了一个铜质锥体,去撞击"坦普尔1号"彗星,这是人类历史上前所未有的空间科学实验

"深度撞击号"2005年1月12日升空,7月4日其搭载的撞击器直接冲向"坦普尔1号"彗星的彗核,完成了人类首度撞击彗星的试验

撞击器
重量:约369克
质地:铜
速度:3.7万千米/小时
撞击能量:4.5吨TNT爆炸当量

轨道器
载有距离指示器、核磁共振成像仪、望远镜等科学仪器,全程记录撞击过程

"深度撞击号"轨迹

地球轨道

太阳

"坦普尔1号"彗星轨道

"坦普尔1号"彗星彗核直径6千米

2005年7月4日撞击点

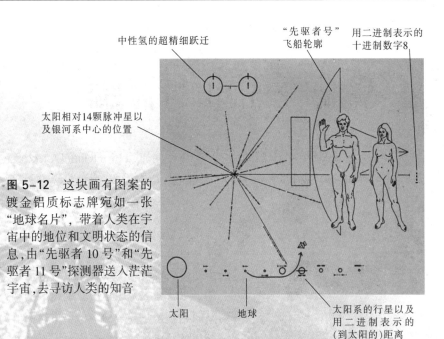

中性氢的超精细跃迁

"先驱者号"
飞船轮廓

用二进制表示的
十进制数字8

太阳相对14颗脉冲星以
及银河系中心的位置

图 5-12　这块画有图案的镀金铝质标志牌宛如一张"地球名片"，带着人类在宇宙中的地位和文明状态的信息，由"先驱者 10 号"和"先驱者 11 号"探测器送入茫茫宇宙，去寻访人类的知音

太阳

地球

太阳系的行星以及
用二进制表示的
(到太阳的)距离

信息。

　　为调查地球以外的天体是否存在生物，尤其是探索有无生命甚至外星人存在，20 世纪后期人类已经用探测器进行了许多有关地外生物和地外文明的探测活动。例如，"先驱者号"和"旅行者号"均携带着反映人类在宇宙中的位置和人类文明现状的信息（图 5-12），飞出太阳系去寻觅"知音"，希望有朝一日它们能被外星人收到。

　　人类对未知世界的探索是永无止境的。在新的世纪里，太空探索将会加快步伐，进入辉煌。

第六章 老当益壮的宇宙飞船

1961 年 4 月 12 日，苏联航天员加加林（Юрий Алексеевич Гагарин）乘坐"东方号"载人飞船（图 6-1）升空，成为世界航天第一人。此举开创了载人航天新时代，不仅使加加林扬名四海，也使宇宙飞船蜚声全球，世人从此知道了这种最早的载人航天器。至今，人类已经发射了多种宇宙飞船。尽管在太空轨道上长期运行的载人空间站技术日趋成熟，但宇宙飞船的光辉依然夺目。这些宇宙飞船在世界航天史上立下了汗马功劳，有些现在仍活跃在载人航天的第一线上。

苏联登天三大历程

过去的苏联和今天的俄罗斯，都很重视宇宙飞船的发展和应用。目前在轨运行的国际空间站，主要是靠"联盟号"载人飞船和"进步号"货运飞船作为天地往返运输工具。迄今为止，苏联/俄罗斯

图 6-1 "东方号"是苏联最早的载人系列飞船，共发射 6 艘。它只能乘坐 1 名航天员，返回时航天员以弹射方式离开座舱，用降落伞着陆

已经发展了三代载人飞船。

第一代载人飞船是"东方号"。它是最先把人类送入宇宙空间的开路先锋,由乘员舱和设备舱组成,同末级运载火箭连在一起工作。飞船质量为4.7吨,全长7.35米,最长飞行时间可达5天。乘员舱呈球形,舱内大气压与地面相同,温度15℃~20℃,相对湿度为30%~70%,可以乘坐一名航天员(图6-2)。设备舱在乘员舱后面,呈圆锥形,主要装有电源和姿态控制用的压缩气瓶。航天员坐在弹射座椅上。当飞船返回时,乘员舱抛掉末级火箭和设备舱,降至7千米高度时,航天员连同座椅以弹射方式弹出乘员舱,乘降落伞单独着陆。

第二代载人飞船是1964~1965年使用的"上升号"。它是世界上第一次实现航天员出舱活动的载人飞船,也是第一个最多可以乘坐3人的载人航天器。它是在"东方号"飞船的基础上发展起来的,在乘员舱外增设了折叠式气闸舱,并用普通座椅替代了弹射座椅,还增加了着陆缓冲火箭。飞船质量5.3吨,电源由蓄电池提供。世界太空行走第一人列昂诺夫(Алексей Архипович Леонов)就是乘"上升号"飞船升空,从气闸舱出去到飞船外面的茫茫太空中"漫步"的(图6-3)。

1967年开始使用的第三代载人飞船,先后发展了"联盟号"、"联盟T号"、"联盟TM号"和"联盟TMA号"4个型号,主要用于为空间站服务。具有轨

图6-2　苏联第一批航天员

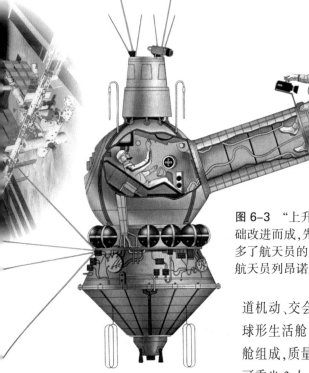

图 6-3 "上升号"飞船以"东方号"飞船为基础改进而成,先后发射过 2 艘,主要特点是增多了航天员的座椅,最多可容纳 3 名航天员。航天员列昂诺夫实现了人类首次太空行走

道机动、交会和对接能力的"联盟号"飞船由球形生活舱、钟形返回舱和圆柱形仪器设备舱组成,质量 6.45~6.8 吨,全长 7.94 米,最多可乘坐 3 人。其球形生活舱是航天员在轨道上生活和工作的场所,并分工作和生活两个区域;前端还有一个和空间站对接的舱口,航天员可以从这个舱口进入空间站。钟形返回舱是飞船上升和返回时供航天员乘坐的地方,直接和轨道舱相通,航天员可在两舱之间来回活动。返回舱中有操纵飞船的设备和降落伞等。圆柱形仪器设备舱里装有推进剂、发动机和电源等设备,外面有 2 块太阳能电池帆板。整个"联盟号"看上去像一个展翅高飞的大鸟(图 6-4),既能独立飞行,为空间站运送物质和接送航天员,又可与空间站对接飞行,作为空间站乘员的救生艇。

"联盟号"是组合式飞船。与"东方号"相比,其内部可居住的空间增大 1 倍。返回舱由球形改为钟形,是为了达到良好的气动外力控制特性和精确的落点,并使再入过载由"东方号"的 8~9g (g 为重力加速度)减至 3~4g。"联盟号"最多可载 3 名航天员。返回时,钟形返回舱与生活舱、仪器设备舱分离,按预定轨道运行至离地面 4 千米时打开降落伞减速,并在着地前由 γ 射线测高仪提供指令,点燃 4 个着陆缓冲火箭,实现软着陆。另外两个舱再入大气层时烧毁。

1979~1986 年投入使用的"联盟 T 号"飞船是在"联盟号"的基础上改进而来的。例如,它采用新型计算机,从而具有自动对接能力,提高了对接的可靠性;安装了新型太阳能电池帆板,延长了在轨工作寿命;使用具有更高推力和机动能力的组合发动机,在飞船与空间站万一对接不上时,仍可重新启动再次对接。

"联盟 TM 号"则在"联盟 T 号"的基础上改进而来。它的起飞质量 7.07 吨,全长 6.98 米(不包括对接机构),返回舱最大直径 2.2 米,太阳能电池帆板展长 10.7 米。由于它采用了名叫"科斯"的新型交会对接系统,可使飞船与处于任何相对姿态的空间站对接,而空间站不必机动;采用强度更高、质量更轻的材料制成的降落伞,使发射有效

图 6-4 "联盟号"是苏联的第三代载人飞船系列,由返回舱、轨道舱和推进舱组成,曾先后有 T、TM、TMA 等改进型问世,后者目前作为国际空间站的天地往返运输器

载荷和着陆有效载荷均有所增加,且在钟形返回舱里占有更小的体积。

返回舱是对整个飞船进行控制的操作舱段,所有显示仪表和操作控制设备全部安装在这里。在发射上升过程中、与空间站交会对接过程中和返回地面过程中,航天员全部乘坐在返回舱内,进行操作控制。

仪器设备舱分为两部分。前部比较短,为密封舱,舱内安装有飞船的电子设备和气瓶等。后部为非密封舱,安装电源系统和推进系统。飞船使用太阳能电源,在仪器设备舱的两侧各有一扇由4块电池板组成的太阳能电池阵,提供整个飞船的用电。在仪器设备舱的后部和侧面安装有推进系统(主推进发动机在后端),为飞船提供动力。仪器设备舱的外侧有一层辐射散热器,向太空散发飞船内部多余的热量。

生活舱和返回舱均为密封舱,是航天员生活和工作的舱段。飞船的最前端安装有交会雷达和杆-锥式对接机构等设备及舱门,以便与空间站进行交会对接,实现与空间站的停靠和气密连接,使航天员能够通过舱门进出空间站。航天员的生活设施、饮用水和食品

图 6-5 太空中的"联盟 TMA 号"飞船

等都设置在生活舱内。在生活舱的侧面有一个舱门，发射前航天员经此门进入飞船。

从1986~2002年，苏联/俄罗斯一直用"联盟TM号"把航天员送上空间站或接回地面。

从2002年开始，俄罗斯又对"联盟TM号"的返回舱布局及着陆缓冲装置进行改进，主要是扩大了航天员身高的适应范围，以便满足美国及

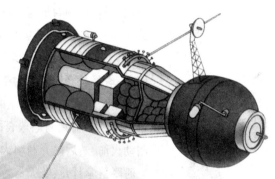

图6-6　苏联于1978年开始，将"联盟号"飞船的返回舱改装为"进步号"货运飞船，专门用于向空间站运送推进剂及各种补给品。改进型"进步M号"现仍在使用中

其他国家航天员身高和体重的要求，取名"联盟TMA号"(图6-5)。此外还改进了电子设备，这使"联盟TMA号"更具先进性，可专门用来承担向国际空间站接送航天员的任务，并准备作为国际空间站初期的救生艇。

第一代和第二代飞船采用弹道式返回，第三代则采用小升阻比(半弹道式)返回。

由于空间站的发展，货运量增加，故从1978年开始，苏联以"联盟号"飞船为基础，改装专门的货运飞船。"联盟号"的钟形返回舱经改装用以运送推进剂及空间站上需要的各种补给品，称为"进步号"。1989年8月起采用的"进步M号"(图6-6)货运飞船，货运量比"进步号"多100千克。从2000年起，又启用了载货量更大的"进步M1号"。

美国飞船不谋而合

无独有偶，美国载人飞船的发展也经历了三代。

1961年5月至1963年5月使用的"水星号"是第一代。它采用

单舱结构,由圆台形座舱和圆柱形伞舱两部分组成,质量约 1.3~1.8 吨,全长 3.9 米,底部最大直径 1.86 米,蓄电池供电,只能乘坐 1 名航天员。"水星号"飞船共发射了 6 艘,每艘最长飞行时间为 2 天,它的顶端有一个 5 米长的救生塔。航天员躺在特制的座椅上,可通过飞船舷窗、潜望镜和显示器观测地球表面(图 6-7)。返回前飞船点燃制动火箭,然后抛弃制动火箭组合件,再入大气层。到低空时降落伞打开,航天员与飞船一起溅落到海上,由直升飞机和打捞船只回收。美国第一名完成轨道飞行的航天员格伦 (John Herschel Glenn) 就是于 1962 年 2 月乘坐"水星号"实现了环绕地球的太空飞行(图 6-8)。飞船姿态本以自控为主,但由于多次发生故障,实际上多为手控。"水星号"飞船主要进行地球轨道飞行,试验飞船各种工程系统的性能,考察人在空间环境下的生存和工作能力。

第二代是 1965 年投入使用的"双子座"飞船。它可乘坐 2 人,由座舱和服务舱两部分构成,质量 3.2~3.8 吨,长 5.74 米,底部最大直径 3 米。座舱分密封和非密封两部分。密封部分是航天员的座舱,比"水星号"大多了。其中安装有显示仪表、两个弹射座椅、控制设备、食品、水以及废物处理设备。非密封部分安装有无线电设备、生命保障系统和降落伞等。飞船由蓄电池供电,后来改用燃料电池。服务舱分上下两段,上段主要安装 4 台制动发动机,下段安装有轨道机动发动机、燃料、通信设备

图 6-7 "水星号"是美国第一代载人飞船系列,1961 年 5 月~1963 年 5 月共发射 6 艘,其中 4 艘载人上天。主要试验飞船的各种性能,并考察失重环境对人体的影响

和燃料电池等。飞船内部各系统不再像"水星号"那样采用"堆积"方式装在一起,而是按舱室形式安装,并增加了交会雷达。飞船在返回大气层前抛掉设备舱下段,点燃制动发动机;然后再抛掉上段,座舱返回大气层到达低空时打开降落伞,最后溅落在海面上。"双子座"飞船共进行了10次载人飞行,实现了美国航天员出舱活动、机动飞行和两个航天器的交会对接,为载人登月飞行做好了技术准备(图6-9)。

图6-8 美国第一批航天员

图6-9 "双子座"是美国第二代载人飞船系列,1965年3月~1966年11月共进行了10次载人飞行。它由两个舱组成,乘员2名。主要目的是为"阿波罗号"登月作技术准备

　　大名鼎鼎的"阿波罗号"飞船是第三代。它属于登月式飞船,由指令舱、服务舱和登月舱组成(图6-10)。圆锥形指令舱是航天员在飞行中生活和工作的座舱,也是控制整个飞船的中心及唯一回收的组件,有供航天员爬进登月舱的舱门和供观察用的舷窗。服务舱为圆柱形,装有主发动机、姿态控制系统、环境控制系统和电源等,能提供3名航天员14天的生活环境。登月舱由上升级和下降级组成,用于把2名航天员从月球轨道下降到月面,完成任务后把他们送回在月球轨道上运行的指令舱。

　　登月式飞船与卫星式飞船最大的不同,就是增设了登月舱。它的座舱还分前舱、航天员舱和后舱三部分。前舱放置着陆部件、回收设备和姿控发动机等;航天员舱为密封舱,存放供航天员生活14天的必需品和救生设备。后舱装有各种仪器、贮箱、计算机和无线电系统等。

图6-10　"阿波罗号"飞船是美国实施载人登月的航天器,由指令舱、服务舱和登月舱组成。1968年开始载人飞行,1969年7月首次载人登上月球并成功返回

　　从 1969 年 7 月至 1972 年 12 月,相继发射了"阿波罗 11 号"至"阿波罗 17 号"共 7 艘登月飞船,除"阿波罗 13 号"因服务舱故障中止登月任务外,其余全部登月成功,共有 12 名航天员被送上月面。其中"阿波罗 15 号"、"阿波罗 16 号"和"阿波罗 17 号"的登月舱中,还各带有一辆 200 千克重的月球车(图 6-11)。"阿波罗 13 号"虽因服务舱液氧箱中途爆炸而中止了登月任务,但航天员经过千辛万苦的努力,还是安全返回了地面。

　　"阿波罗号"飞船的登月,是 20 世纪航天史上最伟大的科技壮举。

　　1975 年 7 月,美国又为"阿波罗-联盟号"载人飞船联合飞行发射了一艘"阿波罗号"飞船,实现了两个超级大国在太空中首次握手。之后,美国停止使用飞船而转向发展航天飞机。

图 6-11　美国"阿波罗号"共向月面送上了 3 辆月球车。月球车以蓄电池为动力四轮驱动,可载人在月面最远巡游 91 千米

载人飞船大同小异

尽管苏美载人飞船不太一样,但从总体上讲是相似的,均能保障航天员在太空执行航天任务,并能使航天员座舱沿弹道式或升力弹道式路径返回地面,且垂直着陆。它是载人航天器中最小的一种,仅能使用一次,在运行轨道上一般只能单独飞行几天到十几天。它可单独进行航天活动,也可作为往返于地面和空间站之间或地面和月球之间的"渡船",还能与空间站或其他航天器对接并联合飞行。

在人类已经发射的多种宇宙飞船中,除载人飞船外,还有货运飞船和载人货运混合飞船。按照飞行任务的不同,载人飞船可分为卫星式载人飞船、登月式载人飞船和行星际载人飞船。前两种在20世纪已经发射成功,后一种有望在21世纪实现,并以载人火星飞船居先。目前发射最多、用途最广的载人飞船是卫星式载人飞船。这种飞船像卫星一样在离地面几百千米的近地轨道上飞行,飞行速度为第一宇宙速度,而其他两种飞船需达到第二宇宙速度才行。

从构型上讲,卫星式载人飞船有单舱式、双舱式和三舱式。其中单舱式最简单,只有座舱;双舱式次之,由航天员座舱和服务舱组成;三舱式最复杂,比双舱式还多了一个轨道舱。有的卫星式载人飞船还有气闸舱或对接结构等。载人飞船大多配备应急救生装置。登月式载人飞船在上述双舱式飞船的基础上,增设一个载人登月用的登月舱。当登月飞船进入月球轨道时,航天员可乘登月舱在月面着陆,完成月面考察后,再乘登月舱飞离月面。

载人飞船一般均由航天员返回舱、轨道舱、推进舱、气闸舱和对接机构等部分组成。登月飞船还有登月舱。返回舱也称座舱,是飞船发射和返回过程中航天员乘坐的舱段,也是飞船的控制中心。它不仅和其他舱段一样要承受起飞、上升和轨道运行阶段的各种重力和环境条件,而且还要经受返回时再入大气层阶段的减速过载和气动加热。轨道舱是航天员在轨工作的场所,里面装有各种实验仪器。推进舱也称服务舱或设备舱,通常安装推进系统、电源和气源等设备,起服务和保障作用。气闸舱是航天员在轨出舱时,保证飞船舱内气体不至全部漏到宇宙空间的设备。对接机构用来与空间站或其他航天器对接和锁紧。此外,还有应急救生装置,用于保障在紧急情况下使航天员安全返回地面或转移到其他航天器上。

为了保证航天员能够进入太空和安全返回地面,载人飞船有结构、姿控、轨控、无线电测控、电源、返回着陆、生命保障等系统。与无人航天器相比,载人飞船要复杂得多,增加了许多特殊要求。例如,返回舱和轨道舱要严格密封,以使舱内保持有足够的氧气、一定的压力和适当的温度,与地面环境接近,并要为航天员准备足够的水和食物。此外,还需要解决人造卫星上没有的应急、救生、人工控制、安全返回和高可靠性等特殊问题。

返回舱是飞船的核心部分,外形很简单,都是无翼的大钝头体。这样做结构简单,工程上易于实现,再入峰值减速小。舱内还有特殊的照明系统,以保证在各种恶劣光线条件下,航天员都能"心明眼亮"正常操作。

载人飞船外形简单、技术上较易实现、所需投资少、研制周期短,因而有着广泛的用途。它是突破并掌握载人航天基本技术的有效工具,可用于试验各种载人航天技术,开展航天医学和生理学研究——如轨道交会和对接、航天员出舱活动等;可作为空间站的天地往返系统,为空间站接送航天员和运送物资,其费用比航天飞机低;可作为空间站的救生艇,例如,1984年苏联"礼炮7号"空间站出现严重故障时,就是用停靠在站上的"联盟号"(图6-12)把站上2名航天员紧急撤回地面的;由于带有推进系统,有变轨能力,故可以迅速降低轨道高度进行侦察;可进行载人绕月和登月飞行……可以肯定,在未来人类还将用它进行载人行星际飞行。

实践证明,宇宙飞船实现人货分开,有利于提高人员运输的安全性和货物运输的经济性。空间交会对接技术,是载人飞船工程的

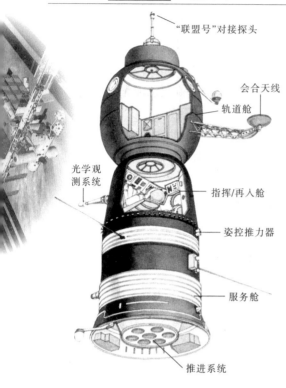

"联盟号"对接探头

会合天线

轨道舱

光学观测系统

指挥/再入舱

姿控推力器

服务舱

推进系统

图6-12　"联盟号"飞船结构示意图

一项关键技术,因为只有飞船具备了这种能力,才能为其他航天器提供运输功能。

目前正在建造的国际空间站,已经把"联盟号"飞船作为救生艇。每当站内有航天员时,总有飞船停靠为其"保驾护航"。

今后的载人飞船将会朝三个方向发展:一是具有多种功能;二是返回落点的控制精度提高到百米级以内;三是返回舱经适当维修又可重复使用。

神舟飞船大出风头

中国"神舟号"飞船由返回舱、轨道舱和推进舱组成(图6-13)。为与其他航天器、未来的空间实验室或空间站对接,飞船的最前端还有交会对接机构的附加段。

"神舟号"飞船的返回舱呈钟形,其舱门与轨道舱相连,航天员可以通过这个舱门进入轨道舱。返回舱是飞船的指挥控制中心,舱内安装了航天员的座椅,航天员可以斜着躺在这个座椅上。航天员在飞船起飞、上升和返回地面时就是这样躺着的。返回舱内还安装了需要航天员监视和操作的仪器设备,它们显示了飞船各系统和设备的工作情况。航天员通过这些仪表既可以随时判断、了解飞船的工作情况,还可以在必要时进行人工干预。飞船的返回舱和轨道舱都是密封的舱段,舱内是一个与外界完全隔绝的世界,其中的环境和生命保障系统,将为航天员提供一个与地球环境一样舒适的生活环境。另外,还安装了供着陆用的主降落伞和备用降落伞。返回舱侧壁上开设了两个圆形窗口,一个用于航天员观测窗外的情景,另一个供航天员操作光学瞄准镜观察地面驾驶飞船。返回舱的底座是金属夹层密封结构,既轻便又坚固,上边安装着返回舱的仪器设备。

飞船的轨道舱呈圆柱状,是航天员工作、生活和休息的地方。舱内除为航天员提供食品、饮用水和大小便收集器等生活装置外,还安装了大量的空间实验装置和仪器设备。轨道舱的

图6-13 "神舟号"飞船

后端底部设有舱门,它与返回舱相连,航天员可以通过这个舱门进入返回舱。轨道舱外部两侧装有2个像鸟翼那样的太阳能电池帆板,轨道舱所需的电能就是通过它们提供的。

推进舱的形状也是圆柱形的,舱内安装推进系统发动机和推进剂,其使命是为飞船提供姿态调整和进行轨道维持的动力。飞船电源、环境控制和通信等系统的部分设备也安装在这里。推进舱外部安装了2个太阳能帆板,为飞船提供所需的电能。所以,加上轨道舱上的那2个,"神舟号"飞船上共有4个太阳能帆板。

"神舟号"飞船与国外的飞船相比,有什么特色呢?

首先是起点高。"神舟号"越过了国外先单人飞船、后双人飞船的发展阶段,直接采用多舱组成的飞船。飞船内空间较大,航天员既可以舒服地在舱内工作,又可以离开座椅,通过舱门进入轨道舱,从事各种科学实验活动。

其次是一船多用。国外的飞船执行完任务后,返回舱返回地面,轨道舱变成太空垃圾,而"神舟号"的轨道舱则具有留轨的能力。在航天员返回地面后,由于"神舟号"飞船的轨道舱上有太阳能帆板,足以为飞船提供在轨工作的电能资源,可以不必完全依靠推进舱上储备的电能,在太空中工作半年以上。因此,轨道舱能在无人值守的情况下,就像一颗卫星一样,继续执行空间实验任务,完成对天体和地面的观测任务。这种设计大大延长了飞船执行空间任务的工作寿命,有效地提高了飞船的综合效益。这种设计是"神舟号"飞船设计者的一大创举,也充分体现了中国的国情。而国外的飞船(如美国的"水星号"飞船)上仅使用一次性电池,电能消耗完后,飞船就失去了动力。

再有,"神舟号"飞船不再搭载动物。苏联和美国在正式的载人太空飞行之前,都进行数次飞船载猴子、狗或猩猩的试验,以考验飞船的生命保障系统。为什么中国在进行无人飞船试验的时候,不像苏联和美国那样让动物先上太空呢? 其理由有三:一是动物的生理系统和人的生理系统有区别,测量的数据未必可靠,一旦发生意外,不知道是什么原因;二是猴子等动物上了飞船,不会老老实实地坐在座位上,容易闯祸;三是最重要的一条,国外已有载人航天的经验,表明人在太空中进行短时间的飞行是可行的;加上科学技术的发展,使我们完全可以通过仪器模拟掌握真人在太空中飞行时身体的各种变化数据。因此,"神舟号"飞船在正式载人飞行前,不进行搭载动物的试验,而用模拟人进行太空轨道飞行试验。模拟人身上携带的科学装置,可以提供人在太空中飞行的各种数据。

　　"神舟号"飞船总共进行过 4 次无人飞行试验:

　　"神舟一号" 飞船实现了历史性突破。它于 1999 年 11 月 20 日发射升空,21 日准确着陆,绕地球 14 圈,为中国早日实现载人航天跨出了关键的一大步。"神舟一号"是一艘具备大部分飞行功能的试验性飞船,但配置的设备和软件相对简单,轨道舱的太阳能电池帆板没有展开。这次飞船试验的重点考核有两项:一是考核运载火箭工作性能,二是考核飞船返回性能。在飞行试验中,飞船的结构、电源、生命保障、制导控制、热控制、分离、防热、着陆等系统均考核成功,返回舱安全返回地面。飞船中搭载了一些物品,有各种旗帜、邮品、农作物和中草药种子等。

　　"神舟二号" 是基本型飞船的首次上天,各种技术状态与载人基本一样。2001 年 1 月 10 日发射升空,16 日成功着陆返回,绕地球108 圈。飞船具有载人飞船的全部系统,返回舱座椅上安装了形体假人,该假人在体形、身体质量分布上与真人相近,其体内安装测量设备,以获取飞行过程中航天员所处的力学环境数据。在座舱内还安装了模拟人新陈代谢的装置,以考核生命保障系统的工作。在飞船的三个舱段里放有 10 种 64 件试验装置,分别在太空中进行了材料科学、生命科学、空间天文、环境监测等多学科的前沿性科学实验和应用研究。

　　"神舟三号" 是改进型的飞船,2002 年 3 月 25 日发射升空,4 月 1 日成功返回,绕地球 108 圈。飞船具有载人飞船的全部系统和航天员逃逸救生功能。同"神舟二号"一样,返回舱座椅上安装了形体假人,座舱内安装了模拟人新陈代谢(消耗氧气、产生热量等)的拟人装置。飞行试验全面考核了飞船的各个系统,并进行了多项新的科学试验。在飞船返回舱里安装了舱内辐射计量包、辐射环境检测仪,用来探测飞船座舱里受到辐射污染的程度。仪器在太空环境里正常工作,返回后对上述测量仪的测量数据进行了计算,表明舱内的太空辐射剂量很小,对航天员的身体基本没有影响。飞船还进

行了首次轨道舱留轨利用试验。

　　"神舟四号"　是完善型飞船，2002年12月30日发射升空，2003年1月5日成功返回，绕地球108圈。飞船具有载人飞船的全部功能，达到了可以载人的程度，进行了载人前的一次"预演"。同"神舟三号"一样，返回舱(图6-14)座椅上安装了2个形体假人，它们身体每一部分的形状与真人基本一致。2个模拟"航天员"并肩而坐，共同承担模拟太空生活中的脉搏、心跳、呼吸、饮食和排泄等多种重要生理活动的职责，并随时受到地面指挥中心的监控。太空飞行所需物品，比如睡袋、压力服、太空食品，以及着陆后遇到意外情况所需的匕首、枪支、弹药等救生物品，都配备得相当齐全。飞船还设置了多项科学实验装置。这是载人飞行前的最后一次飞行试验，全面考核了飞船的功能，为载人飞行提供了依据。

　　从"神舟五号"开始，飞船开始了载人飞行。

　　"神舟五号"　飞船首次载人飞行，杨利伟成了中国的加加林，中国从此成为世界上第三个掌握载人航天技术的国家。飞船在"神舟四号"的基础上，进一步改进和完善了航天员座椅的安全性和舒适性，并且按乘坐1人的要求作了修改。飞船的自动化达到了很高的程度，做到"平安上去，安全回来"。飞船配备了多种安全飞行模式。在正常情况下，飞船是

图6-14　"神舟号"飞船返回舱的内部

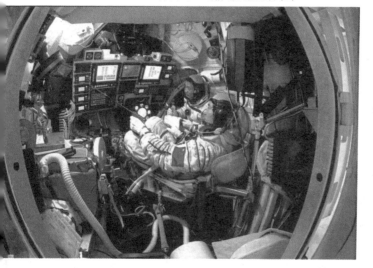

完全自动飞行的;当出现故障时,可以自动、航天员手控或由地面通过遥控进行切换。2003年10月15日,飞船发射成功,航天员杨利伟乘飞船在轨飞行1天后,于16日清晨返回并自行出舱,实现了中华民族千年的飞天梦想。全部飞行十分顺利,获得圆满成功。飞船虽仅飞行1天,但消耗品按多天配置,搭载了一些有重要意义的纪念品,还设置了科学实验项目。

"神舟六号" 第一次实现了真正有人参与的空间飞行实验,中国载人航天又翻开了新的一页。飞船按照"双人五天"并具有7天自主飞行能力的要求,进行了多项技术改进和人性化设计,增强了可靠性和安全性。2005年10月12日,"神舟六号"飞船用"长征二号F"火箭发射入轨。费俊龙和聂海胜继杨利伟之后,成为中国第二、三位进入太空的航天员。相比两年前的"神舟五号"飞船,"神舟六号"有了100多项新的改进和性能优化,以满足乘员由1人增为2人、飞行时间由1天增为多天的任务要求。"双人五天"无论对飞船的环境控制与生命保障系统,还是对航天员的生理和心理素质,都是更高更严的考验。飞船的运行轨道倾角42.4°、初始椭圆轨道近地点高度200千米、远地点高度347千米,调整后圆轨道高度343千米。在轨期间,航天员脱下重达10千克的舱内航天服,多次进入轨道舱进行科学实验和生活。在舱内配备了可供航天员休息的睡袋,航天员还能加热食品,做一些卫生处理。在将近5天的太空飞行中,两名航天员交替地休息。17日返回舱在内蒙中部主着陆场准确着陆,中国载人航天工程第二次太空飞行取得了圆满成功。这次飞行,创造了中国载人航天的新纪录:绕地球77圈、留空时间115小时32分钟、航行325万千米。

"神舟号"飞船的研制成功,标志着中国航天技术进入了一个新的更加高级的阶段。

第七章　出入太空的航天飞机

自从 1981 年 4 月 12 日世界上第一架航天飞机"哥伦比亚号"升空至今，已有 6 架航天飞机遨游太空。其中 5 架是美国制造的，它们曾经频繁升空进行载人航天活动，取得了巨大成就。但有两架先后在起飞和返回时，出现故障凌空爆炸和解体，机上航天员全部遇难。苏联也曾经制造过一架航天飞机，但只进行一次无人驾驶的自动飞行后就销声匿迹了(图 7-1)。因此，美国的航天飞机就成了当今唯一可用于载人且可重复使用的天地往返运输系统。

航空航天混血儿

早在 20 世纪 30 年代，奥地利人桑格尔(Eugen Albert Sanger)就绘制了用火箭发动机作动力装置的飞机草图，试图进行高空飞行。但因技术条件的限制，当时根本无法实现。不过从此，发展一种

图 7-1　1988 年 11 月 15 日，苏联第一架不载人航天飞机"暴风雪号"发射成功，绕地球 2 圈后回到地面。"暴风雪号"重 75 吨，设计载人 10 名，后因种种原因于 1993 年下马

可重复使用的火箭飞机，作为飞向宇宙空间工具的设想，就从未间断过，人们一直在研究一种能像普通飞机那样可进行天地往返的航天飞机。到了 20 世纪 60 年代末，人类已经研制了多种洲际导弹、运载火箭、载人飞船以及大型喷气客机和运输机。这为航天飞机的研制积累了经验、储备了技术。

进入 20 世纪 70 年代后，发射卫星、载人飞船和其他宇宙飞行器依然只使用一次性运载火箭，即每次发射都消耗一枚火箭，这实在是太不经济了。另外，宇宙飞船作为载人运货的航天运输器，也不能重复使用。于是，在耗资巨大的阿波

外贮箱

固体助推器

轨道器

图 7-2　航天飞机的组成

罗登月工程行将结束之际，美国于 1972 年开始把人力、物力和财力转移和集中到研制可部分重复使用的航天飞机(图 7-2)项目上来。

研制航天飞机最主要的目的是利用其可重复使用性来降低天地往返运输费用。它是集现代航空技术、火箭技术和空间技术于一身的综合产物，既能作为运输工具，又可在绕地球的轨道上像卫星那样运行，返回地面经维修后可再次发射使用。因此有人称它为航空航天的"混血儿"。

航天员坐飞船在发射加速阶段所受到的超重约 5~6 倍于地面正常重力的压力。美国在设计垂直起飞、水平降落的航天飞机时，除希望使运费降至原来的 1/10 外，还有一个目的是将航天员升空时所受的超重减为一半，即只有约 3 倍于地面正常重力的压力，这将是任何一个没有晕车的健康人都可以承受得了的。

人们最初提出航天飞机方案,是想让航天飞机在人类飞行的漫长历程中,竖起一个新的里程碑,使航天技术进入一个更高的阶段。为此,美国、苏联、法国和英国等都曾对航天飞机的方案进行过探索性的研究,但最终只有美国研制出了实用型航天飞机。

美国的方案是,整个飞行器由可回收重复使用的固体助推器、不可回收的外贮箱和可多次使用的轨道器组成,最多能承载 7~8 名航天员,起飞加速度不超过 3 g (g 为地面重力加速度),正常降落时不大于 1.5 g。

经过 10 年努力,1981 年 4 月 12 日,恰值世界上第一名航天员加加林上天 20 周年之日,世界上第一架航天飞机——美国的“哥伦比亚号”(图 7-3)作了处女航行。这具有历史意义的 54.5 小时的太空遨游,意味着载人航天进入了一个新阶段。

航天飞机的轨道器,外形类似普通的飞机,人们通常所说的航天飞机指的就是它。它是整个航天飞机系统中唯一可以载人,且真正在地球轨道上飞行的组件。

轨道器长 37 米,翼展 24 米,跟一架大型喷气式客机的大小相仿,不带有效载荷时自重 68 吨,它所经历的飞行过程及环境要比普通飞机恶劣得多,既要有适于在大气层中作高超音速、超音速、亚音速飞行和水平着陆的气动外形,又要有能承受再入大气层时高温气动加热的防热系统。结构部分由铝合金制造,表面用可重复使用的隔热材料保护。轨道器理论上可重复使用 100 次。整个机体分机头、机身和机尾三段。

图 7-3 “哥伦比亚号”航天飞机

机头是轨道器的驾驶舱,处于相当于地面的正常气压下,分驾驶室(4 个座位)、生活室和仪器设备室三层。驾驶室在上层,其前面两个座

位是驾驶员和指令长的座位,后面的两个可供工程师或其他专家乘坐。生活室在中层,内有厨房、卫生间和气闸舱。气闸舱后面有一个舱口,在轨道飞行时,驾驶舱中的航天员可通过此口到后面的货舱里去(图7-4)。中层还有一个很大的边门,供起飞前或着陆后人员和设备进出。仪器设备室在下层,主要装载环境控制设备,以保持驾驶舱内气压、温度、湿度、成分等条件。航天员在驾驶舱内可穿普通地面服装工作和生活。

机身是一个长18米、直径4.5米、容积300立方米的大货舱,可装20~30吨货物。它可装载各种卫星、空间实验室、大型天文望远镜和各种深空探测器。货舱里装有机械手,可随意转换方向,最远能伸到15米远的地方。坐在驾驶舱里的航天员可通过电视或目视观察,准确地操纵机械手,把10多吨的货物释放到太空或捉住太空中的人造卫星并回收到货舱里(图7-5)。

机尾装有3台以液氢/液氧为推进剂的主发动机,总共能产生6.3兆牛的推力。2台变轨发动机每台可产生26.5千牛的推力。

轨道器的三角形机翼和垂直尾翼使航天飞机在返回地球大气层中飞行时具有良好的稳定性和操纵性,能像普通飞机一样飞行自如。

机上各种设备所需的电源由3个氢氧燃料电池和3个镍镉电池提供。每个氢氧

图7-4　航天员在航天飞机外作业

图 7-5 航天飞机的大货舱

燃料电池可发出 7~10 千瓦的电力;而镍镉电池可供短时间内需要大电流的设备用电,并作为燃料电池的备用电源,每个容量是 10 安时。

航天飞机系统的外贮箱用于贮存轨道器主发动机入轨用的全部推进剂。它可装约 700 吨的推进剂,位于轨道器的下方,是唯一不可回收的部件。

航天飞机有两个使用固体推进剂的助推器, 每个长 45 米,直径 3.6 米,质量 590 吨,产生 12 900 千牛的推力。工作完毕后溅落在海洋上。

美国先后研制了 5 架付诸实用的航天飞机,依照时间先后顺序分别是 "哥伦比亚号"、"挑战者号"、"发现号"、"亚特兰蒂斯号"(图 7-6)和 "奋进号"(图 7-7)。

图 7-6 "亚特兰蒂斯号"航天飞机

图7-7　"奋进号"航天飞机

太空飞行三步曲

航天飞机是第一次把航天与航空技术高度有机结合起来的创举。它由起飞到入轨的上升阶段,运用了火箭垂直起飞技术;在太空轨道飞行段运用了航天器技术;在再入大气层的滑翔飞行和水平着陆段运用了航空技术。因此,它具有人造地球卫星、货运飞船、载人飞船甚至小型空间站的许多功能,能完成多种任务。它还具有一些一般航天器所没有的功能,如释放、维修和回收卫星,等等。

航天飞机可使发射费用和有效载荷的研制费用大幅度下降。一些大型卫星,因为体积大、质量大,用运载火箭发射力不从心,这就只能靠航天飞机把它们送上太空。由于航天飞机有大容积的货舱,可以大大放宽对有效载荷尺寸和重量的限制,改变了过去有效载荷必须体积小、重量轻的原则,大幅度降低了有效载荷(如人造卫星)的研制费用。它还可把有效载荷的重要分系统做成备份,或携带更多的分系统,从而延长卫星的寿命或增加卫星的功能。这一切均有利于节省有效载荷的总费用。

航天飞机的经济性也表现在能够在轨回收、检修卫星和更换失

效卫星的组件。这不仅能节省费用,还可以缩短研制周期和提高使用效果。美国哈勃太空望远镜在轨运行期间,用航天飞机进行过4次修理,极大地改善了这一价值连城的太空"巨眼"的功能,延长了使用寿命,为天文学增添了许多新的成果。

用航天飞机还可以扩大空间活动的规模和范围。航天飞机货舱体积庞大,又有起重能力很强的机械手,在轨道上可部署几乎任何类型的有效载荷,能把过去因形状和体积因素而无法用火箭运载的设备送入近地轨道。目前正在建造的国际空间站,许多大型部件都必须用航天飞机送上太空,并由航天员在轨道上组装。用航天飞机释放卫星(图7-8)时,可改变航天飞机的飞行轨道,使之满足所释放卫星的不同要求,把它们放入各自的轨道。

航天飞机在军事上具有极大的潜力和重要的作用。它可在轨捕捉和回收敌方军用卫星,或进行破坏,因而具有反卫星的能力。它不仅能在轨发射各种军用有效载荷,也可检修侦察卫星和为其补充燃料、更换胶卷,从而提高侦察能力,并能进行载人军事侦察。有人还拟让航天飞机携带战略武器进入太空,用作载人轰炸机。

航天飞机如此神通广大,那么它又是如何完成飞行任务的呢?

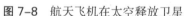

图7-8　航天飞机在太空释放卫星

航天飞机的整个飞行过程,大致可分为三个阶段,即起飞、在轨和返回(图7-9)。

起飞　航天飞机在起飞瞬间,轨道器的3台主发动机首先点火,3~4秒钟后固体助推器点燃工作。起飞后2分钟,在高度达到50千米时,固体助推器熄火。航天机在这瞬间的时速约为5000千米。依靠固定在前后的爆炸螺栓和前后端各4台小型固体分离助推器,使巨大的起飞助推器与轨道器和外贮箱分离。

固体助推器头部装有电子仪器和降落伞等回收系统。每台助推器有 3 顶降落伞,即引导伞、稳定伞和主伞。固体助推器分离 4 分钟后,主伞在 3 千米高处展开。这时,助推器空壳以 100 米/秒的速度降落。7 分钟后,它以 26 米/秒的速度溅落在海面上,由打捞舰船回收,运回发射场。

固体助推器分离后,3 台主发动机继续工作,推动航天飞机上升。点火起飞 8 分钟后,航天飞机已达到 100 多千米的高度,速度已达 7.8 千米/秒,即进入地球轨道。这时,外贮箱停止输送推进剂,3 台主发动机关机并抛掉外贮箱。耗尽了全部推进剂的已成空壳的外贮箱,沿着弹道轨道回落地球大气层,并在大气层中烧毁。

在轨 主发动机关机后,航天飞机依靠轨道机动发动机所提供的推力,完成最后的入轨飞行。航天飞机入轨后,立即开始检查各分

图 7-9 美国航天飞机飞行过程示意图

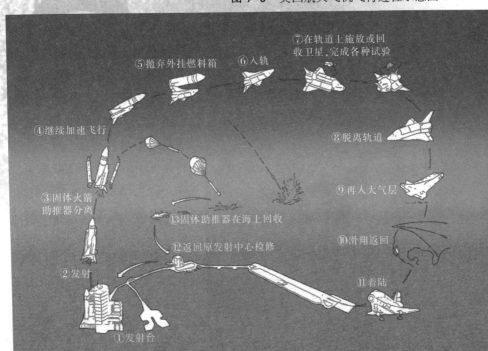

系统的工作状态,若发现故障和不测事件,可采取措施予以排除。如需返回,则可开动轨道机动发动系统,脱离地球轨道,按再入返回程序,进入返回轨道。如果检查结果一切正常,航天飞机就开始按执行计划工作,首先利用轨道机动发动系统进行轨道变换,把椭圆轨道修正成圆轨道,并将航天飞机的姿态调整到执行任务所需的位置和方向。此后,航天飞机就可以在选定的轨道上,环绕地球作无动力运行,进行各种轨道作业,航天员也可以出舱到航天飞机外完成必要的操作(图7-10)。

返回 航天飞机在完成轨道飞行任务后,就进入脱离轨道、返回再入大气层和着陆进场的飞行阶段,这是控制和操纵航天飞机的最复杂的阶段。

航天飞机返回时,首先由指令系统发出离轨信号,点燃机动发动机,制动减速以便脱离轨道。离轨点火后约10分钟,此时距地面高度约为122千米,航天飞机进入再入阶段。进入稠密大气层后,航天飞机完全变成了真正的航空飞机。至此,整个下降飞行的控制为气动控制,机翼成为决定性的操纵部件,也就是说,从此开始了最后阶段的无动力飞行和着陆过程。这一阶段的飞行,可采用自动着陆系统,也可由驾驶员操纵。

图7-10 航天员在航天飞机外作业

着陆前,航天飞机要精确地修正和选择着陆方向,然后在着陆跑道外11千米处,从3千米的高度下滑。降到150米高度时,放下着陆架。准确着陆后,在指定的跑道上滑行,放出减速伞,完成最后的着陆飞行(图7-11)。至此,航天飞机的飞行任务全部完成,经过检修后便可进入下一次使用。

两场悲剧惊全球

航天飞机为人类航天活动开辟了新的途径，这是以解决大量复杂的技术问题为代价换来的。例如，从空气动力学的角度看，航天飞机的外形结构比火箭、返回式卫星和飞船要复杂得多。尤其是在再入飞行时，轨道器要由近30倍音速降到亚音速，由稀薄大气到稠密大气，对外形结构的要求不仅需要理论计算，更要做大

图7—11　航天飞机滑翔降落

量不同条件下的地面风洞实验。在推进方面，火箭发动机一般仅能使用一次，工作时间在几分钟之内，而航天飞机的发动机却要多次重复使用，总工作时间累计可长达数小时。所以，推进是航天飞机重要的关键技术，在设计、材料和工艺等方面要求极高。就防热设计而言，一般返回式航天器只使用一次，再入大气层时由周围空气的压缩和摩擦造成的防热问题较易解决；航天飞机外形复杂，又要重复使用，因此它在返回地面时，对高温高热的防护和处理十分复杂，要求有适合大面积复杂构形的耐高温、抗冲刷、重量轻、能多次使用的高级防热材料，维修也应当方便。航天飞机总共有3500个分系统和250万个零部件，还要经受各种恶劣环境，因此对可靠性要求极高。

也许正因为如此复杂，人们发现航天飞机投入使用后并没有达到预期的目的。它的发射费用并不像预料的那样便宜，每次发射后都要进行烦琐的检修，不可能频繁地飞行。因此，航天飞机是当代世界上用途最广、但成本又很高的大型运载工具。航天飞机虽然已经发射升空了116次，但其间发生的两次重大事故让人铭刻在心。

1986年1月28日上午，"挑战者号"航天飞机竖立在肯尼迪航

天中心 39B 发射台上。这是一个严寒的日子,气温-5℃,发射台上挂着长长的冰柱。

数以万计的观众不惧严寒,怀着激动的心情坐在发射场的看台上,焦急地等待那个令人振奋的时刻。更多的人兴奋不已地守坐在电视机旁。

11 点 38 分,"挑战者号"航天飞机开始了它的第 10 次太空飞行。倒计时开始:"10,9,8,7……主发动机启动!""4,3,2,1,点火!"

"挑战者号"载着 7 名航天员和其他载荷,带着人们的衷心嘱托,在震耳欲聋的轰鸣声中徐徐升空。此时广播喇叭里解说的声音,早已被看台上的欢呼声所淹没。

但起飞后 60 秒时,从航天飞机右侧固体助推器上突然喷出一小股火焰,射向外贮箱。约 10 秒钟后,在外贮箱一侧冒出橙色小火球,接着又从另一侧出现一个更大的橙色火球。当 73 秒时,天空突然发出一声巨响,同时出现一团巨大的橙色火球,它随即分成许多小叉,无数碎片拖着火焰和白烟四下飞散,两个固体助推器完整地脱离火球,拖着白色烟柱形成"V"字形继续向前飞去。此时,在飞行控制中心的电视荧光屏上,由"挑战者号"发来的数据突然中断,与座舱的无线电联络和整个遥测系统信号戛然而止。为防止两个固体助推器掉入人口稠密区,发射中心的一位指挥官启动了爆炸装置将其引爆。成千上万在发射场周围的参观者目睹这一场面,一时目瞪口呆。

40 秒钟后,播音员沉重宣布:"经飞行主任证实,航天飞机爆炸了。"(图 7-12)

"挑战者号"不幸失事,价值 12 亿美元的航天飞机毁于一旦,7名航天员全部罹难。

从第三天开始,美国封锁海面,打捞残骸碎片,总共出动了人员6 千、飞机 52 架、各种舰艇 34 艘。甚至动用了最新设计的无人驾驶潜水器 5 具以及 115 名潜水员。这支空前规模的打捞队对肯尼迪航

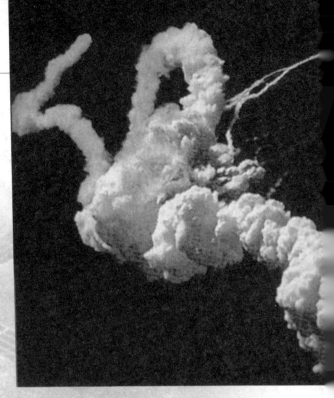

图 7-12　"挑战者号"起飞后爆炸

天中心东北 64 千米的 9.3 万平方海里的洋面和 429 平方海里的大西洋底，像梳头一样仔细地"梳"了一遍。1986 年 2 月 4 日，从海上搜集到 12 块碎片；3 月 8 日，从海底打捞起驾驶舱，舱内有航天员的遗体，爆炸时驾驶舱是完整的，只是落到海面时才解体。4 月 13 日，又打捞到固体助推器连接部位的碎块。到 5 月底，一共寻找到 4000 多块残骸碎片，占整机的 30%。经过大规模的调查分析，确认"挑战者号"航天飞机爆炸的原因，是右侧固体助推器的连接处，因设计上的缺陷和气温过低，造成 O 形橡胶密封圈失效，燃气外泄所致。

　　这次事故对美国航天飞机继续飞行产生了极为不利的影响，许多试验项目推迟进行，整个载人航天计划罩上了浓浓的阴影。直到两年零八个月后的 1988 年 9 月，才由"发现号"航天飞机恢复了飞行。

　　17 年之后，又一次灾难降临。

　　2003 年 2 月 1 日，"哥伦比亚号"航天飞机结束了为期 16 天的太空任务，开始返回地球，在着陆前 16 分钟，该机突然从雷达中消失，航天飞机爆炸解体，在美国得克萨斯州上空划出数条白色轨迹，7 名航天员全部罹难。

　　这是美国航天飞机的第 113 次飞行，也是"哥伦比亚号"的第 28 次飞行。事故造成航天飞机停飞 30 个月之久，给美国甚至全世

界的载人航天蒙上一层厚厚的阴影。

关于这次返回过程,有关新闻是这样报道的:

美国东部时间 2 月 1 日上午 7 时整,"哥伦比亚号" 在距地面 280 千米的轨道上绕地球飞行,乘务人员得到休斯顿地面任务控制中心的绿灯信号,开始作重新返回地球大气层的最后准备。

7 时 49 分,美国国家宇航局向"哥伦比亚号"发出开始降落重新定位指令。当时,佛罗里达的卡纳维拉尔角降落地带上空有雾。

8 时 09 分,天空上的雾散去。返回飞行指挥官向"哥伦比亚号"发出离开地球轨道指令。

8 时 15 分,"哥伦比亚号"飞临印度洋上空。这时,其控制方向用的小型火箭发动机打开,时间为 3 分钟。航天飞机的尾部向着地球,开始降落。

8 时 23 分,自动导航系统指挥航天飞机调整为前端在前、尾翼向下的姿势。

8 时 32 分,辅助动力装置被打开,以便向控制航天飞机副翼和起落架的水压系统增加压力。

8 时 42 分,"哥伦比亚号" 到达位于太平洋上空 144 千米的位置,这时的火箭发动机以 27 000 千米/小时(声速的 25 倍)的速度工作着。

8 时 44 分,"哥伦比亚号"开始进入大气层,其前端向上抬升,保持 40°的仰角,这样,航天飞机外的陶瓷阻热瓦能够承受飞机进入浓厚大气层时与大气层摩擦产生的所有热量。陶瓷阻热瓦开始升温。

8 时 46 分,"哥伦比亚号"距地面只有 102 千米了,准备在 30 分钟内着陆。它逐渐穿越加利福尼亚州、内华达州、新墨西哥州、亚利桑那州、得克萨斯州、路易斯安那州的墨西哥湾沿岸,最后到达佛罗里达州上空。

8 时 49 分,"哥伦比亚号"开始按原计划逐渐减缓飞行速度,它的前端朝着右侧飞行。

8时52分,"哥伦比亚号"越过加利福尼亚海岸。休斯敦地面任务控制中心的控制记录显示,航天飞机的左侧起落架温度发生轻微异常变化。3个热传感器显示的左侧起落架温度在8℃~15℃之间。

8时53分,航天飞机左翼第4个传感器显示温度仍在上升。

8时54分,整个机身的温度因左翼温度上升而升高了15℃。

8时55分,"哥伦比亚号"飞临内华达沙漠上空。

8时56分,"哥伦比亚号"飞临亚利桑那州南部上空。

8时57分,在飞临新墨西哥州上空时,仍受自动导航系统控制的航天飞机开始向左偏转,速度再次下降。休斯敦地面任务控制中心失去与航天飞机左翼温度传感器数据传输联系。

8时58分,航天飞机左侧一种无法解释清楚的力量推动着"哥伦比亚号"向左滚动,配平滚动稳定器自动打开,试图修正航天飞机的降落位置。

8时59分,航天飞机上的机载电脑试图通过启动2部偏航喷气推进器进一步修正自己的位置。在距离地面61千米的高度,"哥伦比亚号"以21 000千米的时速进入得克萨斯州上空。休斯敦地面任务控制中心记录下最后的无线电联络信号:"哥伦比亚,这里是休斯敦。我们看到你们的轮胎压力信息,但没有抄下你们最后的数据。"

过了片刻,"哥伦比亚号"机长里克·赫斯本德(Rick Douglas Husband)回答:"收到,但……"

听到一阵噪声短波之后,地面与"哥伦比亚号"失去了联系。

9时00分,在失去所有无线电联系的情况下,休斯敦地面任务控制中心继续在雷达上跟踪着"哥伦比亚号"。地面目击人员报告称,他们看到"哥伦比亚号"碎裂成无数小块,在天空拖过一条长长的白烟,撒落在800千米长的地带。

9时16分,"哥伦比亚号"航天飞机的预定着陆时间,美国国家宇航局启动了事故应急计划。

虽然没有立即宣布航天飞机失事的消息,但肯尼迪航天发射中

心已经降下了半旗。

美国总统布什(George Walker Bush)当天发表了讲话,称赞牺牲的航天员们(图7-13)。"因为他们的勇气、胆量和崇高理想,我们将会格外怀念他们","他们为之捐躯的太空飞行事业仍将继续。对新发现和新知识的渴望,使人类进入了隐秘的外部空间。我们的太空探索道路仍将继续"。

事后,美国动用了4500人对飞机残骸散落的142万平方千米区域,进行了仔细的搜索,为事故的原因寻找答案。

7个月后,调查委员会发布了长达248页的调查报告。报告中称,"哥伦比亚号"航天飞机1月16日起飞点火后81.7秒,外贮箱脱下一块泡沫材料,以每小时872千米的相对速度,撞击到飞机左翼前端的热保护系统,导致后者出现裂痕。该裂痕是导致事故发生的直接原因。

在航天飞机重返大气层时,极热的空气从裂痕处刺入机翼,造成机翼铝质结构的逐步熔化。最终,不断增加的空气动力学的力量导致航天飞机失控、左翼损毁,全机爆炸解体。

经过大量工作之后,2005年7月26日,"发现号"航天飞机终于重返太空。

图7-13　"哥伦比亚号"航天飞机遇难的7名航天员

未来出路在何方

航天飞机在设计上的确存在一些先天不足。它之所以容易出事,与为了极大地提高运输能力而将其造得太复杂有关,稍有不慎就会"全军覆没"。它有3500个分系统和250万个零部件,只要其中一个重要的分系统或关键零部件失灵,就可能导致重大事故。

由于技术上的限制,在运载能力和结构安排出现矛盾时,为保证轨道器的容积和降低费用,航天飞机选择了将轨道器与外贮箱并行放置的并联方案,而没有采用将轨道器置于火箭顶部这种较安全的串联方案。

航天飞机是人货混用,所以在发射卫星或释放有效载荷时,仍需有数名航天员陪着上天。这样做既不经济,也不安全。美国自认为航天飞机的可靠性很高,而设置救生设备又很麻烦,因此"节省"了安全救生设备。在选择助推器时,为了节省费用,选择了较液体火箭助推器便宜但功能较差的固体火箭助推器。总之,航天飞机当初就没有把安全放在第一位。

航天飞机原先想得很美,具有五大优越性:发射便宜、功能强大、更加安全、非常舒适、飞行间隔很短。后来实践证明,除了功能强大和非常舒适这两个优点外,其他三项则相去甚远。首先是它十分昂贵,每次发射费用高达4亿~5亿美元,而非原先预计的只有1000万~3000万美元,这主要是因为返航后要进行大量的维修工作。正因为如此,其飞行间隔也很长,每年最多只能进行5~6次飞行。过去却以为,航天飞机可像民航客机一样,返回后进行简单维修即可再次发射,每1~2周就能发射一次。更要命的是它并不安全,5架航天飞机共飞行114架次,就损失了2架。从这点上讲,没有"翅膀"的飞船似乎反倒更安全。正是由于没有"翅膀",所以飞船的结构相对简单,无需复杂的气动控制面,也没有起落机构及相关装置,因而可靠性和安全性较高。自1971年以来发射的"联盟号"、"联盟T号"、"联盟TM号"和"联盟TMA号"共四代近100艘飞船,从未出现过灾难性事故,就是最好的证明。

航天飞机从上天后,尤其是"挑战者号"失事之后,它的"接班人"问题就提了出来。

当时,空天飞机是其首选。所谓空天飞机,就是航空航天飞机的简称,它集航空、航天技术为一体,采用航空喷气发动机和火箭发动机两种推进系统,开始时以高超音速在大气层内飞行,到 30~100 千米高空飞行速度可达 12~25 马赫,然后再选用两级或单级入轨方式进入环绕地球轨道。返回时再入大气层,像普通飞机一样在机场着陆。它的明显优点是:起降方便,不受发射窗口、天气、起降地点的限制,维护简便,不像航天飞机发射一次要准备好几个月,还要有几千人提供勤务保障;它一机多用,可载人航天,也可无人驾驶,自动与空间站对接,并可作为太空作业平台及洲际客机;最重要的是其发射费用要比现在的航天飞机便宜得多。

空天飞机第一次把航空发动机引入航天领域,充分利用大气层资源,从根本上改变了航天运载器只采用火箭发动机的模式。在军民两用市场的牵引下,空天飞机的研制一时成为世界热点,美、苏、英、法、德、意、日等国都跃跃欲试。在众多的空天飞机方案中,以美国的国家空天飞机(NASP)、英国的霍托尔(HOTOL)和德国的桑格尔(SANGER)较为出众。但它们的共同难点都是高超音速燃烧冲压喷气发动机的研制难度实在太大,地面上又无法进行试车,因此进展十分缓慢。10 年后,许多国家先后下马退出,仅美国一家仍在苦苦坚持。

1996 年,美国另外开始了单级入轨的"冒险星"火箭飞机的研制。它的外形是一个钝头三角体,前端为钝头,上下两面为光滑平面,后侧有 2 个小斜尾翼和小襟翼。它长 38.7 米,宽 38.8 米,起飞时质量 991 吨,使用 7 台火箭发动机,推进剂为液氢/液氧,可把 18 吨有效载荷送入近地轨道。但在消耗了 13 亿美元之后,"冒险星"的缩比试验机 X-33 也因屡屡失败而于 2001 年告终。

"哥伦比亚号"事故之后,航天飞机的"接班人"问题更显迫切。

首先是对建造国际空间站的打击。航天飞机的不飞或少飞,势必造成空间站计划推后,甚至不能进行下去,因为许多空间站的大件必须用航天飞机运送。人们似乎已经看出，美国对国际空间站正在失去兴趣，而在筹划建造月球基地和进行载人火星飞行了。美国已明确表明，今后不再建造新的航天飞机，老的航天飞机则将于2010年退役，这个时间正好是国际空间站完工的时间。

今后国际空间站肯定还要建造下去，但有可能规模上要"缩水"。"联盟TMA号"载人飞船、"进步号"货运飞船、欧洲"自动转移飞行器"（ATV）和俄罗斯新一代"快船号"飞船，作为天地往返运输器，将会承担更重的责任。

值得一提的是，俄罗斯正在研制的名为"快船号"的飞船，将是世界上第一种可完全重复使用的多功能飞船，理论上可重复使用25次，能把人送上空间站、月球甚至火星。它可载6人，比现役的"联盟号"系列飞船的乘载人员高出1倍，而货物也可携带700千克。尤其是"快船号"的返回舱带有折叠式舱翼，可在准备再入时展开，使载人航天飞行更加安全可靠。另外，它的表面防热瓦与美国航天飞机的防热瓦不同，由耐高温的合金制成，因而不会像美国航天飞机的防热瓦那样容易损坏，且造价便宜。

现在，美国正在研制既能飞向空间站，又可飞向月球和火星的"乘员探索飞行器"（图7-14），计划在2010年以后取代现行的航天飞机，成为全能的天地往返运输器。它的主导思想是充分利用航天飞机现有成熟技术和设备，提高可靠性，降低研制成本。

"乘员探索飞行器"具有以下特点：

一是没有机翼和尾翼，不再像航天飞机那样通过滑翔方式返回地球，而是像飞船那

图7-14　"乘员探索飞行器"设想图

样通过降落伞降落到地面，因而不需复杂的气动外形和防热系统，提高了返航的安全性。

二是发射时飞行器与火箭串联，而不像航天飞机轨道器那样与火箭并联。飞行器置于火箭顶部，能远离发动机，以避免碎片脱落造成的危险。它的顶部还装有一个小型逃逸火箭，一旦发射时出现严重故障，可迅速将飞行器弹射出去，并通过降落伞安全降落。

三是人和货物分开运输，既安全又经济。载人型和货运型的主要区别是尺寸不同。载人型将比目前航天飞机的安全性提高10倍左右。货运型的长度大约是载人型的2倍，载货能力是航天飞机的5~6倍，达到100吨，是世界上最大的航天运载器。

四是座舱和"阿波罗号"飞船的指令舱相似，但比后者更加宽大，重约12吨。此外，它可重复使用10次以上。

根据初步构想，"乘员探索飞行器"将在经过改装后的航天飞机固体助推火箭基础上建造，顶部安放一个带二级发动机的载人飞行器。首个载人型"乘员探索飞行器"，计划于2011年飞向国际空间站。

载人型"乘员探索飞行器"把载货飞行器装在改装后的航天飞机外贮箱顶部，并配备5台航天飞机主发动机。外贮箱两侧又配备2个加大的航天飞机固体助推火箭。它将是个40层楼高的庞然大物，计划在2010~2018年间问世。

载人型"乘员探索飞行器"进入轨道后，可与货运型飞行器送达的装备对接，组成新的联合飞行体，进一步执行太空使命。

无论是俄罗斯的"快船"，还是美国的"乘员探索飞行器"，都是最有希望成为航天飞机的下一代。目前它们都还在研制之中，究竟前景如何，我们将拭目以待。

现在使用的航天飞机，虽然有许多方面不尽如人意，但目前还没有其他航天器可与之相比或取代它。从这一点来说，航天飞机无疑是20世纪最伟大的科技杰作之一，它为人类航天之路所作出的贡献，将永远载入史册。

第八章　长驻太空的空间站

　　人类很早就盼望能长期生活在美妙的太空中,幻想着能上九天开发浩瀚的宇宙。经过祖祖辈辈的努力,这一美梦终于在 20 世纪 70 年代开始转化成为现实,它就是被誉为"人造天宫"的空间站(图 8-1)。迄今,苏联/俄罗斯和美国已发射了两代共 9 座空间站,多国联合建造的国际空间站则正在建设之中。

人造天宫非神话

　　人造卫星上天,标志着航天时代的开始;载人飞船的升空,为人类探索太空开辟了新途径。然而,载人飞船实际上只是一种能乘人的人造卫星。它内部空间狭窄,很难放开手脚进行大规模的科学实

图 8-1　"礼炮 1 号"空间站是苏联于 1971 年 4 月 19 日发射的人类第一座空间站,至同年 10 月 11 日共飞行 170 天,共有 3 名航天员进入其内工作了 23 天

验活动,而且里面的生活用品也有限,所以乘员不能在太空中久留。为此,航天专家们冥思苦想,终于提出研制一种可供多名航天员访问、长期居住和工作的大型载人空间结构物。它如同一艘不落的"航天母舰",能由飞船为长期在那里的人提供生活用品等物资,人们称之为空间站。

空间站的构想一经提出,就引起苏联和美国两个航天大国的极大兴趣。它们均希望通过建立空间站来控制太空;利用空间站能长期载人的优势进一步研究地球环境和宇宙空间,并开发太阳系;通过空间站实现空间工业化生产,进行微重力科研及材料、生物制品等产品的空间加工和生产;充分发挥航天员在观察、判断、触觉及处理意外情况等方面高超的主观能动性,在站上组装和维修各类航天器;建立空间补给维修基地;以空间站为中转站,把航天员送往其他天体……

不过,苏联和美国在空间站的发展模式上采取了不同的战略方针,因而出现了差异甚大的不同结果。苏联把发展空间站作为一项国策,采取了积极、慎重、稳妥和循序渐进的方式,最大限度地利用成熟技术,发射了8座空间站,其中"和平号"空间站的成就尤其突出。美国则采用争先跳跃式的发展方式,过多注重先进性而缺乏连续性和继承性,所以至今只发射了1座空间站。

1971年4月19日,苏联发射成功了世界上第一座空间站"礼炮1号"。它重18吨,军民兼用,主要用于鉴定空间站的潜力。曾有3名航天员乘飞船到站上逗留了23天,进行了天文观测、生物医学实验和对地观测等工作。遗憾的是,他们在返回地面时因飞船再入密封舱漏气而死亡。"礼炮1号"只在轨飞行了170天,此后在再入大气时陨毁。

此后,苏联又陆续发射了"礼炮2号"、"礼炮3号"……直至"礼炮7号"。所有"礼炮号"空间站都运行在离地面200~250千米高的轨道上,轨道面对赤道面的倾角为51.6°。它们的构造基本相同,都呈圆筒形,最大直径 4.2 米,长约 14 米,划分成对接舱、轨道舱和服务舱三部分,总重18~19 吨,一般情况下由 2~3 名航天员长期驻守,最多时曾容纳 6 人。

对接舱位于空间站的前部。舱的前端有一个对接口,用来停靠"联盟号"飞船。航天员乘坐"联盟号"飞船上天,飞船通过对接口与空间站对接后,航天员即可从对接口进入空间站。对接舱内装有望远镜、照相机等设备,供观测地球用;舱外装有太阳能电池板发电,还有交会对接天线、电视摄像机、散热板和空间碎片探测器等设备。

轨道舱是空间站的核心部分,是航天员工作和生活的主要场所。在太空失重条件下,航天员分不清上、下,为了便于识别不同部位,舱内地板、天花板和四壁漆成不同的颜色。舱内分为生活区和工作区:生活区是航天员用餐、休息和睡觉的地方;工作区设有控制仪表板、导航控制设备、大型观测望远镜以及体育锻炼器械。

服务舱内主要装有变轨发动机、姿态控制推力器和推进剂;舱外装有一对太阳能电池板、交会雷达天线和电视摄像机。

1973年 5 月 14 日,美国把"天空实验室"空间站(图 8-2)送上了太空。1979 年 7 月 11 日,它在南印度洋上空坠入大气层烧毁。

1986 年,苏联开始发射"和平号"空间站,它是由对接舱、气闸舱、轨道舱、生活舱、后勤服务舱、专用设备舱和太阳能装置等几个部分组成。

"和平号"空间站的对接舱有多个对接口,其中一部分对接口用于停靠接送航天员和运送物资的航天器,另一部分对接口则用于组合扩大空间站。气闸舱是航天员在太空轨道上出入空间站的通道。轨道舱是航天员在站上的主要工作场所,生活舱是供航天员进餐、睡眠和休息的地方。服务舱内通常装有推进剂、水、气源和电源等设备,为整个空间站服务。专用设备舱是安装生产和试验专用仪器设备的舱段。它也可以是不密封的构架,用以安装暴露于太空的探测雷达和天文望远镜等仪器设备。太阳能装置设在空间站舱体的外侧或桁架上，为站上各种仪器设备提供电源。

空间站发射时及入轨之初，里面是没有人的。入轨以后，先由地面通过遥测、遥控对它进行在轨检查测试，证明站内气候环境适宜，仪器设备能基本正常工作后，才派航天员乘坐飞船或航天飞机上天，同该空间站对接，航天员进驻空间站。如果在轨检查发现空间站存在故障，也可先派航天员上天修复，然后再进驻。

在空间站运行期间，航天员的替换和物资设备的补给，可由航天飞机和载人或无人飞船提供。理论和实践都证明，空间站是最适合载人航天的"天堂"，具有自主补给消耗品、检修和更换设备的能力，并具有可变更和可扩大其功能的性质。其先入轨后上人的特征，既提高了安全保障水平，又简化了研制过程。这些均是其他航天器无法比拟的。

图 8-2 "天空实验室"是美国唯一的试验性空间站，1973年 5 月 14 日发射升空，先后接待过 3 批共 9 名航天员

礼炮和平三阶段

对已发射的空间站,大致可分为三个发展阶段。它们像交响乐的三个乐章一样,展现了空间站的辉煌历程。

1971~1977 年升空的苏联"礼炮 1 号"至"礼炮 5 号"可以认为是第一阶段。这一阶段的空间站具有试验性质,寿命都不长,均是由几个舱段组合而成的整体结构,都用火箭一次发射入轨。站上仅有一个对接口,每次只能与一艘飞船对接,一般是对接客货两用飞船。它们解决了空间站建设的许多重大科技问题。例如,在太空也和在地面一样,有必要把住房、工作场所与交通运输工具,按各自的特点分隔开来,这样才能解除相互间的束缚,获得新的活力;人们可轮流在太空的人造环境中呆上若干天,使空间的住房和工作场所的利用率提高。这类空间站虽然是短暂的,也比以前的航天器有了较大进步。

"礼炮 6 号"和"礼炮 7 号"(图 8-3) 分别于 1977 年和 1982 年发射,加上 1973 年美国发射的"天空实验室",属于空间站发展的第二阶段,它们都是实用性的空间站。

"礼炮 6 号"和"礼炮 7 号"在技术上有了很大进步, 寿命也大

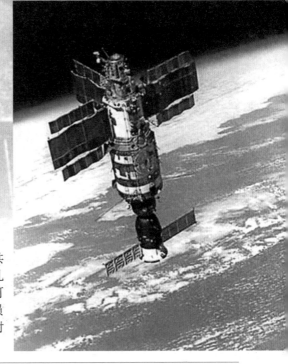

图 8-3 苏联的第二代空间站共发射过 2 座,即"礼炮 6 号"和"礼炮 7 号"。它们有 2 个对接口,可同时停靠两艘飞船。站内航天员的生活设施也有所改善, 如随时提供热水、增加了一个冰箱等

为延长。在第一阶段空间站中,寿命最长的"礼炮4号"工作了两年多,而第二阶段的"礼炮6号"运行了5年,"礼炮7号"则坚持了9年,可认为是长寿命空间站。第二阶段的空间站解决了对接的可靠性问题,多次与飞船对接成功;增加了一个对接口,从而把用补给、维修和替换的方法来延长空间站寿命的设想变为现实……

"天空实验室"是美国唯一的一座空间站,重80吨,外形大致为圆柱体,6块太阳电池帆板中有4块是较小狭长条形的,交叉成为十字形,好像是风车的旋转翼。它在离地面430千米的轨道上运行,站里有实验室、生活区、食堂、厕所,还有专供航天员锻炼身体的"健身房",三四个人在这里生活是很适宜的。两年间共有3批9人进入天空实验室,进行了28项科学试验,拍摄了4万多张地球照片和128万多张太阳照片(图8-4),录制了3万多米的录像磁带。

图 8-4 "天空实验室"拍摄的日珥

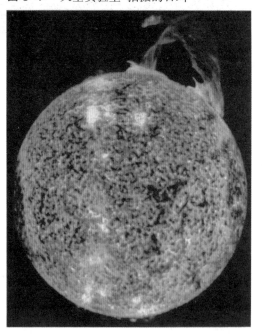

航天员们还在"天空实验室"里进行了三项饶有兴味的太空飞行实验:第一项是背一个背包式腿力器在实验室内四处飞行;第二项是在实验室外面,试验用新的喷气枪喷气产生反作用力来帮助飞行;第三项试验最令人感兴趣——让航天员穿上一种喷气鞋,以帮助他向前、向后、向上和向下飞行,就像中国古典小说中脚踩风火轮的哪吒那样(图8-5)。

天空实验室原本可在轨道上运行10年,但到了20世纪70年代末,太阳黑子活动加强,大气层的气体分子密度增加,天空实验室受到的阻力增大,造成其运行轨道下降比预计的要快得多,终于在 1979 年 7 月 11 日坠入大气层烧毁。

1986 年 2 月 20 日"和平号"升空是空间站发展的第三阶段。"和平号"的最大特点是有 6 个对接口,可供多艘飞船、航天飞机和有效载荷舱对接,组成庞大的空间复合体,因而能像一个多居室一样,有单独的"卧室"、"书房"和实验室等。这样既舒适,工作效率又高。"和平号"的寿命长达 15 年,被公认为永久性空间站。它由核心舱、"量子 1 号舱"(用于完成天体物理等任务)、"量子 2

图 8-5　航天员在"天空实验室"里

号舱"(公用支援)、"晶体舱"(用于微重力材料研究和对接航天机)、"光谱舱"(用于对地遥感和生物医学研究)、"自然舱"(用于了解地球生态状况)、"进步号"货运飞船和"联盟号"飞船组成,全部对接在一起重达 233 吨。

"和平号"采用"化整为零,逐步扩大"的方式建造。首先发射入轨的是一个核心舱,后续的舱段一个一个地发射到轨道上,与核心舱对接,形成由 6 舱组成的大型空间站。总重为 126 吨,最多可接纳6 名航天员同时在站内工作。

"和平号"在离地面 350~380 千米高度的轨道上运行,用载人飞船接送航天员往返。航天员的生活必需品,研究试验所需的仪器、材料、试件,空间站发动机用的燃料,用货运飞船运送。载人飞船在把航天员送入空间站以后,仍旧对接在空间站上,一起围绕地球运行,直到有航天员要返回地面时,才脱离空间站,载着航天员返回地面。货运飞船在轨道上与空间站对接卸完货物以后, 就和空间站脱离,下降进入大气层烧毁。

与"礼炮号"相比,"和平号"有许多改进之处(图8-6)。首先,前者只有1台电子计算机,而"和平号"拥有8台电子计算机;其次,"和平号"能够通过中继卫星,每绕地球一圈同地面保持40分钟联系,而"礼炮号"只有15~20分钟;第三,"和平号"首次为航天员配备了个人单间,生活更方便,大大提高了航天员的工作效率。

由于苏联的解体,"和平号" 每年2~3亿美元的运行维护费用,

图 8-6 "和平号"空间站全景。"和平号"是苏联第三代载人空间站,1986年2月20日核心舱发射入轨, 其余5个专业舱历经10年才组装完毕。它工作了15年,于2001年坠入地球大气层

成为俄罗斯经济的一项沉重负担。进入 21 世纪后,"和平号"已是风烛残年。2001 年 3 月 23 日,它被迫坠落于南太平洋预定的海域,走完了光辉的一生。

在 15 年中,科学家们在"和平号"上进行空间生命科学、微重力等广泛的实验,取得了许多重要成果。共有 31 艘"联盟号"载人飞船、62 艘"进步号"货运飞船和 9 架航天飞机与它对接,运送、接返航天员 136 人次(图 8-7),运送近 150 吨给养和推进剂。站上的航天员共进行了 16 500 项科学实验和技术试验,在空间生命科学、空间材料加工、微重力科学、对地观测、天体物理学等领域进行了广泛的研究,特别是为人在长期航天飞行中的生理、心理变化积累了丰富的数据,为人类的科学事业、特别是载人航天作出了重要贡献。

俄罗斯航天员波利亚科夫(Валери Полиаков)和美国航天员露西德(Shannon Lucid),在"和平号"上分别创造了 439 天和 188 天的连续载人航天飞行的男、女世界纪录。

在"和平号"上还进行过多次大型设备的空间交会对接、更换和维修活动,为建造大型空间设施积累了丰富的经验。从"礼炮 1 号"到"和平号"空间站的发展,使苏联/俄罗斯掌握了研制、建造、运行和维护空间站的技术与经验,创造了人货分开运输的理念和实践,积累了人在太空长期活动及其保障措施的经验,取得了空间生命科

图 8-7 航天员在"和平号"空间站里

学、空间材料加工、微重力科学、对地观测等科学数据和知识。所有这些,都在国际空间站的建造以及今后的运行管理中起着重要的作用(图8-8)。

青出于蓝胜于蓝

如果以构型来分的话,空间站也可分为三代。

第一代叫舱段式构型,"礼炮号"系列和"天空实验室"均属此列。它们由各种不同形状和尺寸的多个舱段组成,以圆筒形压力舱作为结构基础,入轨后太阳能电池帆板等部件自行展开,投入工作。它们的特点是所用硬件少,压力舱容积大,可进行大量舱内实验;空

图8-8 航天飞机与"和平号"空间站对接

间站主体对地定向,便于对地观测;不需航天员出舱组装,因而较为简单。但它们的不足是太死板,很难改变形状,尤其当压力舱出现重大故障时需取下来才能进行修理,这是非常困难的;此外,太阳能电池帆板的可展开面积小,输出电力有限,影响许多实验的进行;最后是总容积小,使工作效率较低。这些因素限制了空间站功能的扩展。

第二代称为积木式构型,由多个舱段在空间交会对接后组成,是舱段式构型的合理发展。采用该构型的空间站可多次重复复合,组成庞大的空间站体系(图8-9)。它的优缺点和舱段式空间站差不多,但是能根据需要灵活扩展,从而具有功能强、使用范围广等特点,部分解决了舱段式构型的问题。

"和平号"的核心舱与"礼炮号"规模相仿,但由于有一个含6个对接口的过渡舱,使其如虎添翼,很容易按需扩展,灵活性极高,这样能以相互独立的舱来部署不同性质的载荷和设备。而舱段式构型只能在一个舱体中分成几个舱段来部署,故难以合理部署站上的分系统和有效载荷,在轨道上更换舱段也极其困难。

目前正在建造的"国际空间站"是第三代。它采用桁架挂舱式构型,以桁架为基本结构,居住舱、实验舱和全体各种服务设施均挂靠在85米长的桁架上。这个桁架就像这个"空中楼阁"的大梁。这种构型的优点是具有很高的灵活性,可根据用户需求组成各种不同的形状。安装在桁架上的主要部件,拆卸、修理和更换都很方便。它的结构不像舱段式那样紧凑,有效载荷可以方便地从对接

图8-9　积木式空间站

口出入,桁架间的宽阔空间可以安装多种观测仪器和增设太阳能电池板。由于采用三角形桁架结构,故可以获得大的刚度,并能利用重力梯度稳定姿态,使其控制系统比舱段式简单。具有大面积的太阳能电池板,也使它克服了积木式空间站能源不足的缺点。

然而,桁架挂舱式型也不是十全十美的。它的缺点是组装和维修空间站需要航天员多次出舱工作,技术复杂,风险很大。因此,"国际空间站"实质上是一个既采用积木式构型,又采用桁架挂舱式构型的"混血儿",这样可充分利用成熟的技术,大大降低建造难度和费用。

"国际空间站"的建造经历了三个阶段。

第一阶段为准备阶段(1994~1998年),美国和俄罗斯的航天员到"和平号"空间站上进行9次联合飞行,研究掌握"国际空间站"的组装和控制技术。

第二阶段为初期装配阶段(1998~2001年),是在轨道上对"国际空间站"进行组装,建立空间站的核心部分,使其拥有初始的载人能力(3人)。1998年11月20日首先发射俄罗斯的"曙光号"多功能舱,它用于提供推进控制、燃料储存和组装初期的供电能力及服务舱的交会对接能力。12月4日,美国又发射"团结号"节点1号舱及增压对接适配器,提供美俄构件之间的接口。2000年7月12日,俄罗斯发射了关键的"恒星号"服务舱,它主要用于环境控制和提供生命保障系统及乘员生活区。2000年10月31日,首批乘员组进站。2001年7月12日,航天飞机送来了美国的气闸舱,标志着第二阶段的结束。此时,站上已具有进行各种科学实验的13个机柜和能提供10千瓦功率的一对太阳能电池帆板,达到了有3名航天员在轨的工作能力。

第三阶段为最后装配及应用阶段,从2002年开始,目前仍在进行中。主要任务是完成"国际空间站"的全部装配,达到6~7人长期在轨工作的能力。现在已经发射和组装了一部分,如美国的桁架和

图 8-10 "联盟号"飞船与"国际空间站"对接

加拿大的移动基座系统。今后还将发射和组装其他桁架结构、太阳能电池帆板、日本实验舱、欧洲空间局的哥伦布轨道舱、美国居住舱、俄罗斯研究舱等。

"国际空间站"的构件由俄罗斯的"质子号"、"联盟号"运载火箭和美国的航天飞机这三种运载器分 45 次送入轨道(图 8-10)。但由于 2003 年初"哥伦比亚号"航天飞机的失事,造成航天飞机的较长时间停飞,致使这一阶段的进程大大推迟,预计 2010 年才有可能完成。

整个"国际空间站"由基础桥架、居住舱、服务舱、功能舱、实验舱、节点舱及太阳能电池帆板等 36 个组件组成,总重量为 420 吨。密封舱增压容积为 908 立方米,长 110 米,宽 85 米,太阳能电池帆板幅长 110 米,供电系统的功率超过 110 千瓦。在倾角 51.6°、426 千米高度的轨道上长期飞行和工作,可以覆盖 85% 的地球表面和 95% 的人口地带。空间站最多可容纳 15 人同时进行科学考察,使用寿命

约为 15 年。

　　"国际空间站"由美国、俄罗斯、欧洲空间局成员国、日本和加拿大等 16 个国家共同建造(图 8-11),从建造到运行直至退役的全寿命费用预计 1047 亿美元,美国承担总费用的 80%。美国国家宇航局负责空间站总体领导和协调计划的实施,以及空间站在运行期间发生紧急情况时的具体指挥。

　　由美国、日本、俄罗斯和欧洲空间局提供的实验舱,将用来进行生物学、化学、物理学等科学研究及各种工程技术和应用研究。主要研究领域有蛋白质晶体研究、天文观测和地球观测等。"国际空间站"还将成为新型能源、自动化技术和下一代传感器技术的测试基地(图 8-12),它将对空间探索、开发和应用产生重要的影响。

　　建成后它将是迄今最大的载人航天器。每逢晴夜,天上除了月亮和金星外,第三颗最亮的"星星"就数它了。

图 8-11 桁架挂舱式的"国际空间站"建成后全景

图 8-12 俄罗斯航天员在"国际空间站"里工作

无限风光在太空

当今人类开发宇宙主要还是使用卫星。但卫星通常功能单一、寿命短、种类和数目繁多,因而导致发射频率高;大多数卫星均不能在轨维修、加注和补给,所以带来很大风险,影响寿命;卫星也不能在轨组装,容积小,使许多巨型设备在太空无落脚之处,不少高效益研制和生产无法进行。而永久性空间站就可以解决上述问题。

现在的卫星主要是利用其高远位置的优势来获取、传输和转发信息,通信、遥感、导航卫星均是如此。它们较易实现全部自动化,但要进一步开发空间资源就困难了。例如,把航天器作为生产或军用基地,作为通往其他行星的中转站,在太空大量制造超级材料、特种生物制品等,由于获取、加工转化、运输和存储的主要不是信息,而是物质,因此所需的设备要比用于信息的庞大和复杂得多,且现在和可预见的将来还很难达到大部分自动化的程度。这就需要人在空间现场参与工作。就现代技术水平而言,载人空间站是开发这些太空资源的理想之地。它既能长期载人,又可装载多种大型装备。

空间站用途非常广泛。它可以作为轨道实验室,进行各种科学和材料试验及生命科学研究;建立太空工厂,可以生产高纯晶体、半

导体等新材料;作为维修中心,可使报废卫星复活;建造空间天文台,可长期观测地球和各种天体;作为空间中转站,可发射高轨道卫星及月球和行星探测器;用作装配车间,可在轨道上组装大型空间结构,建立贮藏库,存放备件、生活消耗品和卫星;还可作为空间作战指挥中心或空间武器试验基地……

空间站的应用,现在已经或正在经历实验探索阶段和在轨服务阶段。前者主要进行天文观测、勘探地球资源、进行医学和生物研究等,"礼炮号"、"天空实验室"均属此列;后者包括维修各类航天器、安装大型空间结构物和为其他航天器补充燃料,这需要解决航天员迅速出舱、载人机动飞行、空间维修等技术。"国际空间站"将具备这些应用特点,而"和平号"空间站则起到了承上启下的作用。今后,空间站还将作为人类在太空长期生活的基地(图8-13)。

应当指出,在已发射的"礼炮号"系列空间站中,军用和民用基本上是分开的。除"礼炮1号"军民共用外,"礼炮4号"、"礼炮6号"和"礼炮7号"属民用,"礼炮2号"、"礼炮3号"和"礼炮5号"属军用。两者除通信制式和频率不同外,主要区别还有两点:一是军用站的轨道高度为260~270千米,比民用站的340~350千米要低,这样有利于对地观测;二是军用站飞行周期短,需定期射回侦察密封舱。

图8-13 航天员在"国际空间站"里就餐

空间站虽然神通广大,令人向往,但建造难度也很大。尤其是大型空间站,面临技术和资金的困难,更需要世界各国的通力合作。此外,未来空间站将遇到研制再生式生命保障系统、大型结构件的展开、能防空间粒子辐射且灵活方便的航天服、微型载人机动装置和紧急救生等技术难题。如果能消灭这些"拦路虎",便可加速空间物质产品的开发,促进空间工业化和商业化的进程,为人类开辟更加美好的生存环境。

第九章　征服太空的航天员

　　20世纪60年代开始的载人航天活动,具有划时代的意义。迄今已有400多位航天员参加了近千次的太空飞行:从最初加加林仅108分钟的停留太空, 到后来俄罗斯航天员波利亚科夫创造的439天飞行纪录;美国航天员罗斯(Jerry Lynn Ross)和美籍华裔航天员张福林7次进入太空; 俄罗斯航天员索洛维约夫(Владимир Сергеевич Соловьёв)在太空共进行11次77小时的太空行走;美国航天员格伦77岁高龄还重返太空;甚至还有好几名游客先后到太空旅游。

　　在人类征服太空的过程中,也曾先后发生苏联载人飞船返航时坠毁、美国航天飞机起飞或返航时爆炸,已有21位航天员在地面试验和太空中壮烈牺牲。

　　航天员的功绩是伟大的,他(她)们的每一次太空探险飞行,都在人类进步史上留下了光辉的一页。

第一位太空骄子———加加林

　　加加林(图9-1),1934年3月9日诞生在苏联斯摩棱斯克州的一户农民家庭。他的父亲是个木匠,靠手艺维持全家生活。在第二次世界大战期间, 德军曾一度占领加加林的家乡及其周围的村子,青壮年都被抓去做苦工,加加林因年幼才侥幸被留了下来。

　　第二次世界大战后, 加加林在扎特克师范学院附属学校念书时,聪明勤奋,刻苦学习,乐于助人,尊敬和热爱师长。在中学阶段,他酷爱物理课,对航模有浓厚兴趣,喜欢跟同学一起制作像蜻蜓一样敏捷的飞机模型,常在假日把模型拿到空旷的地方放飞,有时甚至会躺在草地上望着蓝天遐想。后来,在物理老师的指点下,他贪婪地阅读有关俄国航天之父——齐奥尔科夫斯基的书籍。齐奥尔科夫斯基的坚强毅力和对宇航的执著精神,对加加林未来的一生产生了巨大的影响。

图9-1　人类历史上的第一位太空骄子——苏联航天员加加林

在萨拉托夫中等工业学校学习期间,加加林曾参加萨拉托夫市航空俱乐部。当第一次驾驶飞机上天时,他便立志要当一名飞行员。1955年,他被奥伦堡奇卡洛夫航校录取,正式参加飞行员队伍。加加林沉着冷静,敏捷果敢,具有坚强的信念和百折不挠的精神。1957年,他从航校毕业,成为一名出色的飞行员。就在这年的10月4日,即苏联发射第一颗人造卫星前夕,加加林曾向航校学员作过一场关于齐奥尔科夫斯基的宇航学说和未来飞向宇宙的报告。所以当卫星上天的消息传来后,航校的同伴们追问他下一步会出现什么奇迹时,他毫不犹豫地回答说:"应该轮到人飞上太空了。"

1959年,苏联在继续研制人造卫星的同时,也制订了载人太空飞行计划,决定着手选拔培训航天员。在如何挑选航天员时出现了分歧,有人认为应从熟悉高空和缺氧情况的登山队员中找;有人主张从潜艇兵中找;还有人建议让勘探队员参加……但最后的共识是航天员应在飞行员中挑选。载人飞船总设计师科罗廖夫(Сергей Павлович Королёв)说:"完成冒险而复杂的航天任务对飞行员来说是习惯了的职业。"而且他还具体地提出了航天员的标准:年龄不超过30岁、身高不超过1.75米、体重72千克以下,勤劳,求知欲强,有

志愿献身航天事业的精神。

这一年的 10 月，加加林在申请报告中写道："为了发展宇航研究事业，可能需要人做飞向宇宙的科学试验。恳请考虑我的迫切愿望，如果可能，派我去参加这项新的工作。"

航天员的选拔是十分苛刻的，不仅身体状况要无可挑剔，而且还要具有在各种情况下镇定自若的心理素质，能经受住运载火箭发动机的巨大轰鸣声、极其沉重的工作压力、长期处于失重状态等严峻考验。

1960 年 1 月，在对 3461 名 35 岁以下空军飞行员进行严格筛选后，包括加加林在内的 20 位幸运者脱颖而出。无论是在学习航天科学知识方面，还是在复杂困难的训练中；无论是在失重情况下飞行、进行高空跳伞，还是长期关在静室里试验、在离心机上做旋转实验，加加林总是非常认真刻苦，成为航天员队伍中的佼佼者。

到了 1961 年 1 月，经过紧张的考试，最后只留下加加林等 6 人。当参加集训的航天员去参观"东方号"飞船时，总设计师科罗廖夫敏锐地注意到了加加林出众的才华，评议他是集"天生的勇敢、善于分析、吃苦耐劳和谦虚谨慎"于一身的人，因此他又从"6 人突击小组"中被选为第一个航天使者，季托夫（Герман Степанович Титов）是后备航天员。

举世瞩目的日子一天天临近了。

"东方 1 号"宇宙飞船发射的前一天，加加林被送到拜科努尔航天中心。在发射场，总设计师科罗廖夫告诫所有工作人员："不能出现任何故障！发射不能有任何失误！一定要顺利完成任务！"人人都为加加林捏着一把汗，而他却表现得十分镇定，直到起飞前他的脉搏还一直维持在每分钟 64 次左右，这令医生们都吃惊不已。

1961 年 4 月 11 日，科罗廖夫陪同加加林来到发射台前，他俩在"东方 1 号"飞船前默默地站着，望着天空，陷入沉思，想着即将进行的划时代飞行。科罗廖夫打破沉默，对加加林说："您真幸运，您将

图9-2 科罗廖夫为加加林送行。科罗廖夫是苏联航天技术的奠基者和开创人,世界上第一颗人造卫星、第一艘载人飞船、第一个月球探测器、第一个金星探测器、第一个火星探测器以及它们的运载火箭,都凝聚着他的心血和功绩

从那么高的地方观察我们美丽的地球。发射和飞行都不会很轻松,既要经受超重,又要经受失重的考验,还可能遇到我们未能预料到的危险。这方面我们已经说了许多,但我还是要再一次提醒您,在明天的飞行中有冒险的成分,这对您来说已不是新问题。"然后又亲切地说:"您要记住,不管发生什么事情,我们都将竭尽智慧,全力援助您。"加加林默默地点点头,表示无论如何也要完成这项无尚光荣的任务(图9-2)。

第二天清晨,加加林从酣睡中被医生叫醒,吃完一顿特别的早餐后,穿上橙色航天服,乘车来到发射台前。他进入飞船座舱,被固定在座位上,十分平静地等待发射时刻的到来。

莫斯科时间上午9时07分,在拜科努尔发射场上发出一声震天的轰鸣,"东方1号"飞船在运载火箭的推动下徐徐升空,人们欢呼宇宙航行的时代开始了。加加林成了第一个从太空俯瞰地球全貌的人。

加加林乘坐的飞船以27 200千米/小时的速度,越过苏联、印度、澳大利亚和太平洋上空环绕地球飞驰。他情不自禁地欢呼起来:"多么美啊,我看见了陆地、森林、海洋和云彩……"虽然处在失

重状态,但他感觉良好,完全自如地操纵着各种仪器(图9-3)。在离地面330千米的高空飞行了108分钟,环绕地球整整一圈。

当飞船按指令返回再入大气层时,加加林从舷窗看见了飞船防护层熔化时迸发出的火花。上午10时55分,加加林借助降落

图9-3　加加林在飞船中

伞在伏尔加河岸萨拉托夫地区的一座村庄附近着陆,电台广播传来"一切顺利"的声音,地面控制中心的人员如释重负,相互拥抱祝贺。

关于加加林降落着地,还有一段有趣的插曲:

当他降落在莫斯科东南644千米一个名叫斯梅洛夫卡的村庄的田野里,第一眼见到的是站在他附近的一头奶牛。加加林起身收拾好降落伞,发现一位老妇人带着一个小女孩朝自己走来。这位老妇人名叫安娜·塔赫塔罗娃(Анна Акимовна Тахтарова),是加加林从太空回来后第一个同他说话的人。

"你是不是从天外来的?"她结结巴巴地问道。加加林身着的橙色航天服和头戴白色头盔,使他十分引人注目。

"是的!"加加林得意地回答道,"你不相信?可的确如此。"

老妇人立刻变得害怕起来。

加加林当时心想她一定认为他是从外国或者是从外星来的。

"请别惊慌,"加加林马上解释道,"我是苏联人!"这时塔赫塔罗娃和她6岁的小孙女丽塔(Рита)陪着加加林一同走向不远的飞船,而飞船继续冒着高温过后的焦烟。

数分钟后,一群无比激动的农民开着拖拉机朝飞船着陆点驶来。他们中的一些人一直在收听无线电广播,因此当即辨认出从天

而降的就是加加林。

"加加林！加加林！"其中一些人高声喊道，其他人便帮助他脱掉外套。一位农民给加加林戴上一顶帽子，以便直升飞机很容易发现他。

其实这些都是多余的，因为飞船自身正在不停地发射位置信号，而附近一个农庄已经给空军基地打来了电话："加加林在这里！"

后来，加加林在总结打开通向太空道路的这次飞行时写道："我受命进行历史上第一次宇宙空间飞行，表明人类宇宙航行已经成为现实。……宇宙航行不是某一个人或某一群人的事，这是人类在其发展中合乎规律的历史进程。"

加加林获得了空前的荣誉，但他仍然十分谦虚，不但真诚地向其他航天员介绍自己的飞行体会，每次前往发射场为同伴送行，总要说一些"在太空要小心谨慎，富有预见性和耐心是航天员的基本素质"等提醒的话语，而且表示自己不想给第一次飞行画上句号，还希望能登上月球、火星。因此他多次请缨，渴望新的太空飞行。他对同伴说："航天员不应只飞一次，他与飞行员一样，需要积累经验，因此谈论'第一次'没有任何意义，我要为太空飞行献出一切。"

到了1967年，加加林完成了"联盟号"飞船首次飞行的培训准备工作，成为科马罗夫(Владимир Михайлович Комаров)上天的替补航天员。但不幸的是，1968年3月27日，加加林与飞行教练员谢廖金(Владимир Сергеевич Серёгин)一起驾驶一架米格15歼击机进行训练，上午10时10分升空，10时30分飞完区内练习后向飞行指挥中心报告准备返航，地面无线电通信突然中断，1分钟后飞机在空中坠落失事，加加林与谢廖金一同遇难。消息传出后，人们惋惜万分。第一位太空英雄在330千米的高空飞行中，历经千难万险都安然无恙地返回了地球，反而驾驶自己最熟悉的米格飞机在高度仅600米的飞行中献出了宝贵的生命。

加加林作为第一位太空骄子，永远留在人们的记忆中，成为人

类进行太空探险的一面旗帜。

翱翔太空的"海鸥"——捷列什科娃

苏联著名的女航天员捷列什科娃（Валентина Владимировна Терешкова）生于 1937 年 3 月 6 日。父亲原是一名拖拉机手,在第二次世界大战中奔赴前线作战牺牲;母亲是挤奶员,战后进入纺织厂工作。1955 年捷列什科娃中学毕业后,进入雅罗斯拉夫红渠纺织联合工厂当棉纱技术员。她经常参加航空俱乐部的跳伞活动,使她锻炼出一副健壮的身体,也培养了她对飞行的兴趣。她说:"我想学飞行,可是俱乐部只准女孩子学跳伞。我把学跳伞作为第一步,因为我相信总有一天会让女孩子飞上天。"

1961 年,当加加林遨游太空的消息传来,从小热爱飞行的捷列什科娃备受鼓舞。她想:为什么不当一名女航天员呢?想到了就要去做!于是她同航空俱乐部的女友们一起给全苏支援陆海空志愿协会写了一封信,表明自己的强烈志向和决心,呼吁选派女性到太空活动。这年年底她就接到通知,要她到莫斯科去接受体检和测验。经过严格的选拔,在 200 多名应考者中,捷列什科娃和另外 4 名姑娘被录取进入航天员预备队。

图 9-4　第一个进入太空的女航天员捷列什科娃

在星城航天员培训中心,捷列什科娃接受了 1 年的艰苦训练,学习喷气战斗机和运输机的驾驶技术,学习火箭、飞船的有关知识,还要进行身体素质和对航天飞行适应能力的特殊训练。尤其是为了提高对超重和失重的适应能力,她穿着航天服(图 9-4)一次又一次地在离心机上、在隔音室或飞机上经受难以忍受的磨练。开始时经常呕吐,但她从不流泪,以顽强的性格、坚定的意志和毫不动摇的毅力，最终以优秀的成绩完成了全部训练课程。

图 9-5　捷列什科娃在飞船中

捷列什科娃非常有幸与加加林一起工作了几个月。她的出色表现令加加林十分称赞:"她天生就是干航天这一行的。"

捷列什科娃被选为第一个进入太空的女航天员。

1963 年 6 月 16 日,她单独驾驶"东方 6 号"飞船升空,进入离地面 231 千米的太空轨道,开始了一次轰动世界的飞行(图 9-5)。在太空,她十分兴奋地向地面飞行控制中心报告:"我是'海鸥',我看见了美丽多姿的地球。这里看到的星星大极了,它们光芒四射,刺得人都睁不开眼睛了。"这位太空"海鸥"后来这样描述这一永远铭刻在心的事件:"我没有想自己的家,也没有想是否能返回地球,我脑子里只装着未来 24 小时内的使命和责任。当我在太空中看到无比壮观的地球时,真抑制不住内心的激动,我对它产生了深深的眷恋,于是我提出延长在太空逗留的时间,我的请求得到批准。最后,我绕地球 48 圈,飞行了 70 小时 50 分钟,航程 197 万千米。短短 3 天的太空飞行,是我一生中最幸福的日子。"

在这次飞行中,捷列什科娃的主要任务是研究宇宙飞行的各种因素对人体的影响,把对妇女的影响同对男子的影响作对比。原定飞行 1 天,由于她自我感觉良好,经向地面控制中心请求而延长到 3 昼夜。捷列什科娃兴奋得几乎没有一点睡意,不愿漏掉太空观测的任何一个细节,只想多看一些太空胜景,多做一些太空实验。她还与早她 2 天进入太空的"东方 5 号"飞船航天员贝科夫斯基(Валери Ф. Биковски)在轨道上"并肩"飞行,两艘飞船相距只有 5 千米。她

通过无线电高兴地对贝科夫斯基说："这上面真是太美了,我能看见地平线呢,多么绚丽的色彩啊!""东方6号"飞船以 2.8 万千米/小时的速度飞驰,每 86 分钟绕地球一圈,从太空看到的地球呈现出不同的颜色和光辉,其壮丽真是难以言状。捷列什科娃说这给她的印象太深了,以至后来在梦中还常常浮现出那些动人的图景。

第二天早上,贝科夫斯基与他的太空伙伴联系不上了,他的无线话筒里一直没有她的回音。地面控制中心也试图与她联系,但没有什么消息。到底发生了什么事?终于,一个睡意蒙眬的声音传了过来。原来,捷列什科娃睡过头了。

6 月 19 日,捷列什科娃从太空归来。她驾驶飞船穿过稠密大气层后,打开降落伞安全着陆。这是她的第 163 次跳伞了。她不禁想到,是降落伞把自己引向太空,现在又是降落伞把自己从太空带回地面。她在太空完成了一系列医学、生物学和科学技术考察任务,证明妇女完全能在太空正常工作。在她着陆的地方,成千上万的人们向她拥来,祝贺她勇敢地完成了航天史上的一次壮举。

这次飞行之后,1963 年 11 月捷列什科娃与苏联第三位上天的航天员尼古拉耶夫(Андриян Григорьевич Николаев)结婚,组成了第一对航天员家庭。1964 年,他们生下一个女儿,表明航天飞行对人的生育没有任何影响。

捷列什科娃没有在鲜花和掌声中停步,太空飞行之后,她进入茹科夫斯基空军工程学院深造,1969 年毕业后担负起培训航天员的工作。为了表彰她在征服太空中建立的功绩,月球背面的一座环形山以她的名字命名。她还先后荣获苏联授予的列宁勋章、齐奥尔科夫斯基奖章和国际宇航联合会授予的宇宙金质奖章,并获得了俄罗斯自沙皇时代至今唯一的女性将军称号。1983 年,她的个人像刻印在新的 1 卢布硬币上, 上面是她身穿航天服和头戴航天帽的形象。

捷列什科娃是中国人民的好朋友,她曾两次访问中国,受到热

烈欢迎。1988 年,她绘
声绘色地描述当年在
太空中俯瞰中国大地
的心境:"当我驾驶'东
方 6 号'宇宙飞船遨游
太空时,多次飞临中国
上空。虽然我没有看到
万里长城,可是中国的
高山、绿地、江河、湖泊
历历在目,尤其那蜿蜒

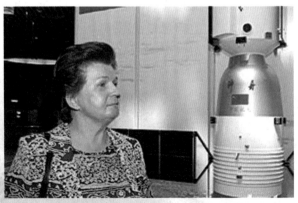

图9-6　捷列什科娃访问中国

曲折的海岸线清晰可见。"2004 年,她更是对中国载人航天的成绩
大加赞扬:"中国能把第一位航天员送上太空,说明你们在科学技术
方面取得了令人瞩目的成就,作为中国人的朋友,我为你们骄傲和
自豪。"(图 9-6)

跨出人类一大步——阿姆斯特朗

　　登上月球的第一位航天员阿姆斯特朗,1930 年 8 月 5 日出生
于美国俄亥俄州。他从上小学起就好做空中飞行的梦,常常模仿梦
中的感觉,站在床上,屏住呼吸向上跳,想一下子就飞起来。父亲说
他是人不是鸟,想在空中飞是痴心妄想,他自己也觉得好笑。不过,
他确实喜欢飞行,从 9 岁起就爱玩飞机图片和飞机玩具,甚至自己
攒钱买材料制作飞机模型。

　　阿姆斯特朗 14 岁开始接受飞行训练,16 岁时就获得了飞行员
证书。1949~1952 年,他在海军当飞行员,1953 年进入普渡大学学习
航空专业,毕业后在爱德华兹空军基地当试飞员。他起初是名优秀
的喷气式飞机驾驶员,后来参加驾驶 X-15 火箭飞机的飞行,创造
过 X-15 火箭飞机飞行高度和速度的世界纪录。

　　1962 年 9 月,阿姆斯特朗被选为第二批 9 名航天员之一。

4年后的1966年3月16日,他首次参加太空飞行,担任"双子座8号"飞船指令长,同航天员斯科特(David Randolph Scott)一起驾驶飞船进入地球轨道。在飞船绕地球飞行第4圈时,要试验与先期发射上天的"阿金纳号"不载人航天器对接。由于飞船上一个推力器发生故障,引起对接后的联合体自旋,阿姆斯特朗沉着冷静地处理故障,解除对接,提前结束联合飞行试验,驾驶飞船在太平洋上溅落,紧急返回地球。这次太空飞行只历时10小时42分钟,绕地球6.5圈。由于阿姆斯特朗的勇敢和镇静,果断地排除险情,避免了一场太空事故。为载人登月飞行作准备的这次太空对接试验,使阿姆斯特朗获得了有益的经验。

到1969年5月,"阿波罗10号"飞船完成了载人月球轨道飞行,美国的阿波罗计划进入正式登月的准备阶段。美国国家宇航局根据计算机记录下的所有航天员太空飞行时的操作方法、心脏活动、判断力、配合能力等情况以及地面训练成绩,最后从50名航天员中选出阿姆斯特朗(图9-7)、奥尔德林(Edwin Eugene Aldrin, Jr.)、科林斯(Michael Collins)3人作为首批登月者,阿姆斯特朗担任飞行指令长,奥尔德林为登月舱驾驶员,科林斯为指令舱驾驶员。

图9-7 阿姆斯特朗

他们集中在休斯敦的约翰逊航天中心进行了8次登月模拟训练,参加了1次登月演习,一切准备就绪了(图9-8)。

1969年7月16日,美国东部夏令时9时32分(格林尼治时间13时32分,北京时间21时32分),在卡纳维拉尔角聚集了上百万人,观看"阿波罗11号"飞船升空的壮丽景象。这一天,天空晴朗,万里无云,一枚"土星5号"运载火箭托着"阿波罗11号"飞船进入太空。飞船经过3天飞行后,于格林尼治时间19日3时许进入月球引力圈,飞

图9-8　"阿波罗11号"的全体乘员在出发前合影。左起依次为指令舱驾驶员科林斯、飞行指令长阿姆斯特朗和登月舱驾驶员奥尔德林

行完全正常。同日17时许，飞船接到休斯敦飞行指挥中心的指令，启动辅助发动机，使飞船减速，开始进入远月点313千米、近月点101千米的椭圆轨道，约2小时绕月球一圈，有1/3的时间在月球背面飞行。在月球轨道上，航天员们做好了登月准备，阿姆斯特朗和奥尔德林进入以"鹰"命名的登月舱，科林斯则留在指令舱，后者以"哥伦比亚"命名。两个舱开始用呼号与休斯敦飞行指挥中心联系，等待分手。

　　格林尼治时间7月20日18时12分，登月舱与指令舱分离。"鹰"舱点燃降落火箭，向月面飞去。在"鹰"舱下降的过程中，阿姆斯特朗发现舱下有一个直径约180米的大撞击坑。他手握操纵杆，给登月舱加足马力，避开乱石嶙峋的危险地方，选择了最好的平坦着陆点，最后于格林尼治时间7月20日20时17分在月面"静海"的

一角平稳降落。阿姆斯特朗向地面飞行指挥中心报告:"休斯敦,这里是静海谷地,'鹰'已安全着陆。"在地面指挥的航天员查尔斯·杜克(Charles Moss Duke, Jr.)回答说:"祝贺你,静海。你们跨越了壕涧,踏上了成功的彼岸,我们现在终于可以喘口气了。"

阿姆斯特朗向窗外眺望,眼前展现出一个遍布撞击坑和大石块的陌生世界。他和奥尔德林都迫不及待地希望走出去看一看这块神秘的地外之地。他们认真检查了舱内仪器、燃料装置、着陆设备和氧气供应情况,调查了周围环境能否允许长时间停留,让地面控制中心对自己的健康状况进行一次检查。当一切都经过精确无误的核对之后,按地面指令,人类踏上月面的历史性时刻终于来到了。

阿姆斯特朗打开"鹰"舱舱门,站在 5 米高的平台上,走下扶梯,9 级台阶走了 3 分钟,最后先用左脚踩上了月球。在地球上收看电视转播的大约有 5 亿人,大家用惊奇的眼光从屏幕上目睹了第一个地球人踏上月面的情景。格林尼治时间 7 月 21 日 2 时 56 分,阿姆斯特朗的左脚踩到月面上,留下了一个长约 32.5 厘米、宽约 15 厘米的人类脚印。此时他向地球说出了"对一个人来说,这是一小步,但对人类来说,却是跨了一大步"的伟大名言。

19 分钟后,奥尔德林紧步阿姆斯特朗的后尘,从登月舱小心翼翼地走下来。当他走到月面上时,不禁叫喊起来:"啊,太美了!"但他环顾四周,又感慨万千地说:"这真是一个荒凉而孤寂的世界。"(图 9–9)

后来,阿姆斯特朗回忆他迈上月面第一步时所看到的景象:"月面是美丽的,仿佛上面铺着一层细细的炭粉,可以清楚地看到脚印。'鹰'的支架好像陷了进去,实际上立得很稳。走路并不那么困难,比在地面模拟训练轻松多了。"

美国总统尼克松(Richard Milhous Nixon)在白宫与 2 位航天员通话,他说:"今天,对每个美国人来说,是一生中最值得自豪的日子,对全世界的人类来说也是如此。由于那么的成功,太空已成为人类世界的一个组成部分。"

　　阿姆斯特朗和奥尔德林在接受地面人员的祝贺后,开始在月面开展实验活动。首先在月球上安放了一块金属纪念牌,上面镌刻着:"1969 年 7 月,这是地球人在月球首次着陆的地方。我们代表全人类为和平而到达这里。"下面是 3 位航天员和美国总统的签名。然后他们竖起一面美国国旗。阿姆斯特朗在月面搜集月球岩石标本,和奥尔德林一起安装激光放射镜、太阳风探测装置和月震测量仪,用摄像机拍摄月面照片。由于月球的引力只有地球的 1/6,在月面上像袋鼠那样双脚跳跃着轻飘飘地前进,反觉比两腿交替迈步更加方便。他们在月面活动了 2 小时 36 分 21 秒,搜集月球岩石土壤标本 21.55 千克。地面控制中心告诉阿姆斯特朗:"你们把能拿到的一切都放入盒子里带回来。"于是,他们把那些岩石土壤标本带回登月舱,关紧舱门。然后于格林尼治时间 7 月 21 日 17 时 54 分启动发动机,告别静海,返回"哥伦比亚号"指令舱,与相别 28 小时的科林斯在月球轨道上会合,并把"鹰"登月舱从空中抛到月面。

　　7 月 22 日 13 时 56 分,阿姆斯特朗奉命指挥"阿波

图 9-9　阿姆斯特朗在月面上为奥尔德林拍摄的工作照

罗11号"飞船离开月球轨道,踏上返回地球的旅途。24日上午,在飞船返回途中,阿姆斯特朗通过电视向地面发表了最后一次谈话,他说:"一百年以前,法国作家儒勒·凡尔纳写了一本关于月宫旅行的小说,他的宇宙飞船'哥伦比亚号'从佛罗里达出发,结束月宫旅行后,降落在太平洋。现代的'哥伦比亚号'明天就要如同小说里的'哥伦比亚号'一样溅落到太平洋了。"

格林尼治时间7月24日16时50分,"阿波罗11号"飞船指令舱载着阿姆斯特朗等3名航天员平安溅落在太平洋中部海面,由"大黄蜂号"航空母舰捞起,从而结束了这次破天荒的人类月球之旅。第一次登月活动的整个时间为8昼夜3小时18分钟。

阿姆斯特朗和他的2位同伴从月球载誉归来,美国总统用无线电向登月英雄们祝贺:"当你们胜利返回地球,就意味着我们取得了巨大的成功。我想,这次飞行的8天,不仅是短暂的1周,而且也是漫长的1周,更是创世以来最伟大的1周。"

为了避免航天员们可能从月球带回有害的微生物,他们3人上船后立即被送到休斯敦的登月返回检疫所与世隔绝,进行为期3周的体检以观察是否受到任何外来微生物的感染。直到8月10日,他们平安无事,才获得了"自由"。所谓"月球瘟疫",只不过是一场虚惊而已。

此后的两个月里,阿姆斯特朗和他的同伴一起,参加了一系列欢迎仪式,巡游世界各大洲的国家,给成千上万人作报告。他们成为时代的英雄,写下了人类历史的重要新篇章。

后来,阿姆斯特朗获得了美国自由勋章、美国国家宇航局卓越服务奖章和国际宇航联合会金质奖章。

第一次登月成功以后,阿姆斯特朗激流勇退,很少在公众场合出现,最后在俄亥俄州莱巴嫩城的家庭农场过着平静的生活。但是,1999年7月16日他露了面,在美国国家宇航局纪念"阿波罗号"登月成功30周年的新闻发布会上,说出了"'阿波罗计划'的成就在于证实了人类可以不被束缚在地球上,我们的想象会走得更远,登上火星将是人类的下一步跨越",表达了他对航天事业的无限深情。

圆了华夏千年梦——杨利伟

杨利伟,1965年6月21日出生在辽宁省绥中县一个教师之家。

"踏踏实实办事,老老实实做人",这是杨利伟父母从小对他的要求。儿时的杨利伟脑子灵、反应快,小学毕业时以优异成绩考进县重点中学尖子班,并多次参加全县中学生的数学竞赛,拿过不少奖。

1983年夏季,杨利伟考进中国人民解放军空军第八飞行学院。在4年的航校生活中,他的学习、训练成绩一直很优秀,每个科目总是第一个"放单飞"。

1987年,杨利伟从学院毕业,成为空军某师强击机飞行员。天生聪慧加上勤奋努力,他不久便成了师里的飞行尖子。后来,他又成为一名优秀的歼击机飞行员。在空军部队的10年间,从华北到西北,从西北到西南,祖国的万里蓝天留下了他矫健的身影。

1992年夏的某一天,杨利伟所在部队来到新疆某机场执行训练任务,他驾驶着战鹰在吐鲁番艾丁湖上空作低空飞行。突然,飞机发出一声巨响,刹时间仪表显示汽缸温度骤然升高,发动机转速急剧下降!

杨利伟明白,自己碰上了严重的"空中停车"故障,飞机的一个发动机不工作了!紧急关头,杨利伟异常冷静。他一边向地面报告,一边按平时训练的要领做一系列动作。他心里只有一个念头:一定要把飞机开回去!

他稳稳地握住操纵杆,慢慢地收油门,驾驶着只剩一个发动机的战机一点点往上爬升、爬升。500米、1000米、1500米,飞机越过天山山脉,向着机场飞去。快接近跑道时,剩下的一个发动机也不工作了。他果断采取应急放起落架的措施,将完全失去动力的战鹰紧

急降落在跑道上。

当他从机舱出来时,飞行服已经被汗水湿透。战友们纷纷围上来同他拥抱。师长激动地当场宣布,给杨利伟记三等功一次,以表彰他高超的技艺和过硬的心理素质。

这或许也预示着,天必将降大任于斯人。

1996年初夏,身高1.68米、体重65千克的杨利伟接到通知赴青岛疗养院,参加航天员初选体检。初检合格,他到北京空军总医院参加临床体检。杨利伟既高兴又激动,提前3天就去了。护士跟他开玩笑:"你也太积极了吧!"

接下来,他来到北京航天医学工程研究所参加"特检",也就是航天生理功能检查。

航天生理功能检查犹如"过五关斩六将",原来初选入围的886人已经所剩无几,而杨利伟顺利地过了一关又一关。他做的最后一项检查是"万米缺氧低压检查",要求先在舱外吸氧排氮,然后坐到舱里,模仿万米高空的低压。当从模拟的万米高度下降时,他心里想:"总算是都通过了。"心里不由一阵轻松,下意识地摸了摸头。结果把医生给弄紧张了,下来后忙问他:"是不是在里面很难过啊?"引起了一场误会。

杨利伟是最幸运的,也是最优秀的(图9-10)。他的临床医学和航天生理功能各项检查的指标都达到优秀,令评选委员会全体专家信服。

1998年1月,作为中国首批14名航天员之一,杨利伟带着他的梦想与追求,来到了北京航天训练中心。

隆冬时节,北京的气候特别寒冷,而他的心里热乎乎的。他和其他航天员一起到我国载人航天工程的火箭系统、飞船系统、测控系统实地参观,聆听专家们上课。他对航天员职业的理解,越来越明晰了。

他了解到,新中国几十年攻关奋战,才有了自己的导弹、原子弹、人造地球卫星，如今又开始向载人航天冲刺。在他和其他中国航天员的身后，有许许多多的无名英雄在默默地奉献，千军万马托举着中国的"神舟"。

图9-10　中国的第一位"太空人"——航天英雄杨利伟

他联想到，中国古代便有了"嫦娥奔月"的飞天梦想。几千年来，多少文人墨客为此写下了动人诗篇，更有万户等胆略过人者作出过悲壮尝试。如今，民族的飞天梦想将要在他的参与和努力下变成现实！

杨利伟能不为之激动和自豪吗？

一切必须从现在就开始。杨利伟要攀越的第一道阶梯是基础理论训练。当了10多年的飞行员，现在重新坐进课堂，《载人航天工程基础》、《航天医学基础》、《解剖生理学》、《星空识别》……30多门课程要从头学起。

杨利伟本来就是个不甘落后的人，想起肩负的神圣使命，他废寝忘食。初来的两年，晚上12点前没睡过觉。他的英语基础比较薄弱，为记住单词和语句，他反反复复地练习，后来考试居然得了100分。

第二道阶梯是航天环境适应性训练，这是一项非常艰苦的训练。仅以其中的"超重耐力"训练为例，在飞船返回地球的阶段，最大超重将达到8.5 g，即人要承受将近自身重量10倍的压力。通常情况下，这很容易造成呼吸极度困难甚至停止呼吸、意志丧失、黑视，乃至直接影响生命。杨利伟必须通过训练来增强自己的超重耐力。

"离心机"训练是航天员提高超重耐力最有效的形式。在圆圆的

大厅里,杨利伟坐进一只8米多长铁臂夹着的圆筒里。在时速100千米高速旋转中,他不仅要练习紧张腹肌和鼓腹呼吸等抗负荷动作,而且还要随时回答提问,判读信号,保持敏捷的判断反应能力。

离心机在旋转,负荷从1 g逐渐加大到8 g。杨利伟的面部肌肉开始变形下垂、肌肉下拉,前额拉高。做头足方向超重时,血液被压向下肢,头脑缺血眩晕;做胸背方向超重时,前胸后背像压了块几百斤重的巨石,造成心跳加快,呼吸困难。每训练一次,都要消耗巨大的体力。

杨利伟是个爱动脑筋的人,他懂得,教员所讲授的抗负荷方法要靠个人在实践中体验和摸索。所以,每次训练他都有意识地按照个人体验的方法去练习,及时与教员沟通,总结经验,掌握好抗负荷用力强度和频率大小,慢慢地琢磨出规律与方法,使这项很具有挑战性的严格训练逐渐变得轻松起来。

"转椅"和"头低位"训练,也是常人难以承受的,可杨利伟依然做得十分出色。

其他的"阶梯"还有体质训练、心理训练、专业技术训练、飞行程序与任务模拟训练、救生与生存训练,等等。杨利伟以他对航天事业的无比热爱和执著追求,精益求精地完成每个项目的训练,各项成绩都是同伴中的佼佼者。

好中选优,强中挑强。2003年"神舟五号"飞船进入发射准备阶段,经过专家组无记名投票,杨利伟以其优秀的训练成绩和综合素质,被选入"3人首飞梯队",并被确定为首席人选。

杨利伟全身心地投入了"强化训练",大部分时间他都待在飞船模拟器中。飞船模拟器,是在地面等比例真实模拟飞船内部环境。人们常说,台上一分钟,台下十年功。飞船从发射到进入轨道,再调姿返回地球,持续时间几十小时甚至上百小时,飞行程序指令上千条,操作动作有100多个。舱内的仪表盘红蓝指示灯密密麻麻,各种线路纵横交错,各种设施星罗棋布。要熟悉和掌握它们,并进行各种操作和故障排除，只有靠反复演练。

　　杨利伟把能找到的舱内设备图和电门图都找来，贴在宿舍墙上，随时默记。他还用小型摄像机把座舱内部设备和结构拍录下来，输入电脑，自己刻了一个光盘，业余时间有空就放来看。

图9-11　杨利伟在飞船中

　　每次训练，杨利伟的眼睛总是那么亮，各项检查总是那么细，每个动作总是那么到位。在最后阶段的专业技术考核中，教员为他设置了许多的故障陷阱，他都能很快地发现，进行排除。每次考核结束后，教员都要问他：“操作有没有失误？”他总是自信地回答：“没有失误！”

　　在5次正常飞行程序考试中，他获得了三个100分、两个99分的好成绩，专业技术综合考评排名第一。

　　发射前夕，杨利伟来到中国酒泉卫星发射中心，参加“人、船、箭、地”联合测试演练。

　　此刻，经过无数次训练的杨利伟对飞船飞行程序和操作程序已是滚瓜烂熟、倒背如流了。他自信地告诉记者：“现在我一闭上眼睛，座舱里所有仪表、电门的位置都清清楚楚；随便说出舱里的一个设备名称，我马上可以想到它的颜色、位置、作用；操作时要求看的操作手册，我都能背下来。如果遇到特殊情况，我不看手册也完全能处理好。”（图9-11）

　　有这么一个插曲：飞船在实际发射时，起飞后3分20秒左右，罩在座舱外的“整流罩”将按程序被抛除，航天员在这时可以见到舷窗外的天空。然而在演练时，这只能是一种想象中的景况，不会实际发生。因此，指挥大厅里的老总们谁也没料到航天员在此时会有什

图 9-12　杨利伟
成功返回地面

么反应。

演练在进行,飞船座舱内杨利伟在一丝不苟、忙而不乱地做着各种规定动作。程序刚刚进行到 3 分 20 秒,指挥大厅里传来杨利伟响亮的报告声:"整流罩抛除,我看到窗外天空了!"

一位老总惊讶地问航天医学工程研究所所长宿双宁:"你们的航天员训练得这么好,连这都知道?"

身为中国载人航天工程航天员系统总指挥兼总设计师的宿双宁,自豪之情油然而生:"开玩笑,你都知道,他还能不知道?!"

2003 年 10 月 15 日 9 时整,杨利伟乘坐的"神舟五号"开始了中国人征服太空的旅程。

20 多个小时后,杨利伟在做完他此次飞行最后一个操作动作——割断降落伞伞绳后,跨出飞船返回舱,为中国人首次太空之行画上了圆满的句号(图 9-12)。

在这神圣的一刻,每个中国人都为杨利伟而感到骄傲自豪!

当他被授予"航天英雄"称号和"航天功勋奖章"时,曾深情地说:"作为中国自己培养的航天员,第一次在太空看到人类的美好家园时,不由得为祖国的科技发展和国力的强盛感到深深的自豪,为中国人飞上太空感到无比骄傲。"

第十章 中国跻身航天大国

20世纪50年代,毛泽东号召:我们也要搞人造卫星;70年代,邓小平明确:要把力量集中到实用的应用卫星上来;90年代,江泽民强调:发展我们自己的载人航天;2005年,胡锦涛指出:我们一定要在全社会大力弘扬载人航天精神。中国航天事业的决策和运筹就像接力棒一样,在党和国家几代领导人手中传递。虽然这个传递仅仅跨越了不长的50年,却演绎了中国航天发展的全部历史,展示了中国未来开发太空的美好前程。

钱学森挂帅航天

中国近代的航天事业,是从1956年开始的。当年10月8日,中国第一个导弹研究机构——国防部第五研究院在北京成立,宣告了中国航天的正式起步。著名科学家钱学森出任院长。

在成立大会上,聂荣臻元帅勉励大家,要自力更生,奋发图强,毕生致力于中国的导弹事业。

被称为中国"航天之父"的钱学森,是在1955年10月8日冲破层层阻力从美国回到祖国的。当他在哈尔滨军事工程学院参观访问时,陈赓大将特意向他询问中国能不能搞导弹,他立即回答说:"外国人能干的,中国人为什么不能干!"就是这句话,使他与中国航天事业结下了不解之缘。

国防部五院刚成立时,一穷二白,一切都要从头做起。没有人,周恩来总理下令从全国各部门调来;没有房子,中央军委划拨两所下马的疗养院;没有车子,聂帅把缴获的美制吉普车调出来……就

图 10-1　钱学森——当年国防部第五研究院刚成立时,中国真正搞过航天的只有他一人

这样,首批从全国各单位选调而来的 30 多名中青年专家——其中就有今天被称为航天"四大老老总"的任新民、屠守锷、梁守槃和庄逢甘——和当年分配的 100 余名应届大学毕业生,组成了中国最初的导弹研制队伍。

五院成立的第二天,第一件事就是由钱学森为大家讲课,从最基础的一课一课讲起。因为在当时的中国,真正搞过航天、懂得航天的就只有他一个人了(图 10-1)。

时间倒流到 20 世纪 30 年代。1935 年,钱学森以优异的成绩,从上海交通大学机械工程系毕业,考取清华大学公费留学生,赴美国学习飞机设计,踏上科学救国的道路。

钱学森在麻省理工学院航空系学习,第二年即取得航空机械工程硕士学位,后慕名到加州理工学院深造,师从著名空气动力学家冯·卡门(Theodore von Karman)教授,获博士学位后留在冯·卡门领导的古根海姆实验室工作。在这里,钱学森站在数学和力学的最前沿,如饥似渴地研究现代科学技术的基础理论,博览有关空气动力学的文献,刻苦攻读航空工程课程。冯·卡门发现这位中国学生具有丰富的想象力和天赋的数学才智,能把它们与准确洞察自然现象中物理图像的非凡能力成功地结合在一起,赞赏他是"一个才华横溢和勤奋博学的中国人,能帮我提炼自己的某些思想,使一些很艰深的命题变得豁然开朗"。这一时期钱学森和老师合作,创造了"跨声速流动相似率"、"高超声速流"概念和"冯·卡门—钱学森公式"等。这些理论一直为世界航空界所推崇和应用,促进了喷气推进技术和空气动力学的发展。

在冯·卡门教授的影响下,钱学森参加了他的同学马林纳(Frank Joseph Malina)发起组织的火箭研究小组。1943年合作完成研究报告《远程火箭的评论与初步分析》,提出了几种火箭研究的设想,同时参加了美军"下士"导弹的设计工作,在军方的喷气技术训练班讲授火箭推进技术课程,为美国早期发展地地导弹和探空火箭奠定了理论和技术基础。

1945年,钱学森被美国空军聘为科学咨询团成员,随冯·卡门教授赴欧洲考察,参加接收纳粹德国秘密研制导弹的技术人员和设备产品。这时,钱学森已成为一位卓有建树的火箭专家,美国空军赞扬他作出了"无法估量的巨大贡献"。1947年,钱学森成为麻省理工学院年轻的终身教授,在航空系大楼作了题为《飞向太空》的演说,用简洁、科学的语言,描述了利用火箭技术探索太空的远景。

1949年10月,新中国诞生的礼炮声传到大洋彼岸,钱学森毅然决定回国,要为新生的共和国服务。为了争取早日回国,他要求退出美国空军科学咨询团,辞去了美国海军炮火研究所顾问职务,整理移交了在古根海姆实验室的实验报告和档案资料。然而美国麦卡锡主义无中生有地污蔑钱学森是非法入境,对他进行迫害,不但取消了钱学森参加机密研究的资格,吊销了他的"国家安全许可证",还监视他的行动。1950年夏,钱学森公开宣布了回国行程,并向美国海军次长金波尔(Dan Able Kimball)辞行。金波尔一直赞赏钱学森的才华,不禁失口说:"你不能离开美国,你太有价值了!"钱学森表示自己回国的主意已定,不容商量。金波尔无可奈何,气急败坏地对美国司法部说:"绝不能放走钱学森,他知道得太多了。我宁可把这个人枪毙了,也不愿放他回到中国。无论到哪里,他都抵得上五个

图 10-2　毛泽东和钱学森

师的兵力!"美国移民局立即对钱学森进行跟踪监视,美国联邦调查局以所谓的"间谍罪"将他非法逮捕监禁起来。在身陷囹圄的 5 年时间里,钱学森有意让美国当局知道他已改变了研究方向,1954 年写出了《工程控制论》,在一个新的工程技术领域取得了开创性的成就。经过中国政府的营救和艰苦的斗争,1955 年 9 月,钱学森终于冲破藩篱,全家启程回国。当钱学森向恩师冯·卡门拜别时,这位当代航空大师深情地对他的得意门生说:"你现在在学术上已经超过了我。"

1955 年 10 月 8 日,钱学森偕妻携子女回到了魂牵梦萦的祖国。毛泽东、周恩来等党和国家领导人热情欢迎他归来参加祖国的建设事业(图 10-2)。一年后,他向国家提出了《建立我国国防航空工业的意见书》,主持编制了《1956 至 1967 年科学技术发展远景规划纲要》中的《喷气和火箭技术的建立》方案。

1958 年,中国在争取到苏联有限的援助之后,钱学森协助聂荣臻元帅主持和部署了第一枚近程导弹的仿制工作。他深入研究室、试验站、发射场解决导弹技术工程中的难题;开办训练班讲授火箭概论;倡导"神仙会"讨论航天课题,集思广益,协同攻关。1960年11月5日,钱学森指挥第一枚"1059"(后来称为"东风一号")近程导弹发射成功,成为中国新兴火箭事业的转折点。

此后,钱学森领导中国的火箭事业开始走上独立研制道路。1962年3月21日,第一枚中近程导弹发射时,由于姿态失稳和发动机起火而失败。钱学森认为经过挫折会使人变得聪明起来,勉励科技人员振作精神,分析并找出失败的原因。他提醒设计师注意发动机的高频振荡和系统的协调,提出了解决导弹总体设计和地面试验的关键问题。经过广大科技人员和工人的努力,1964年6月29日,这枚名叫"东风二号"的中近程导弹发射试验获得成功。在钱学森的组织协调下,经过对这种导弹的改进,1966年10月27日,用导弹载原子弹的"两弹结合"发射试验传出捷报。

钱学森早在回国前就研究过星际航行理论及其可行性,1961年他在中国科学院倡导主持星际航行座谈会,1962年又出版了《星际航行概论》一书,提出用火箭作动力的航天飞机进行宇宙航行的设想。1965年,中国自行研制的弹道导弹已经取得突破性成果,钱学森正式提出报告,建议早日制订人造卫星研制计划,并列入国家任务。1968年中国空间技术研究院成立,钱学森被任命为院长,担任研制第一颗人造卫星的总指挥工作,制订了第一颗人造卫星的总体方案和要求,带领科研人员攻克卫星及其运载火箭的技术难关。

1970年初,在钱学森领导下中远程导弹研制发射成功,表明中国已经掌握了两级火箭及分离技术。在此基础上,研制加上第三级固体火箭的"长征一号"运载火箭就上了日程。钱学森像组织"两弹结合"试验一样,按照周恩来总理"严肃认真,周到细致,稳妥可靠,万无一失"的要求,在研制"东方红一号"卫星的过程中一丝不苟地排除故障,在发射之前对运载火箭和卫星都了如指掌,成竹在胸,向周恩来总理汇报时对技术问题很有把握,敢于负责。1970年4月

24日,钱学森在发射指挥大厅,镇定自若地指挥我国第一颗人造卫星的发射并获得成功。"东方红一号"卫星在太空轨道上播出了《东方红》乐曲声,宣告开创了中国航天的新纪元。

钱学森曾多次指出,发展卫星的重点是为国防和国民经济建设服务,兼顾空间探索,因此发展的重点是应用卫星,并提出了"第一能上去,第二能回来,第三占领同步轨道"的技术发展步骤。在他主持下,中国制订了"三星规划"的发展战略,即首先保证"东方红一号"卫星成功发射,其次将发展返回式卫星列为重点,然后再发展同步轨道通信卫星。这条技术发展路线使中国的卫星事业在不长的时间里,跨出了巨大的一步,并为以后的发展、特别是载人航天的发展奠定了坚实的基础。

钱学森回国已半个世纪了,他和广大科技人员同工人一起,用自己的智慧和心血打开了中国通向太空的大门。他所做的开创性工作,为以后的洲际导弹全程飞行试验、"长征号"系列运载火箭的发展、各类人造卫星升空飞翔,以及"神舟号"飞船的上天遨游,开辟了胜利的航道。

钱学森曾先后荣获"两弹一星功勋奖章"和"国家杰出贡献科学家"的荣誉称号,像一颗在太空闪耀的星辰,永远向世人昭示着中国航天的辉煌。

东方红响彻云霄

20世纪60年代的中期,中国航天起步已近10年。此时,在钱学森的倡议下,研制人造卫星和运载火箭的条件已经成熟,国家遂将其列入正式计划。第一颗人造卫星命名为"东方红一号",运载火箭命名为"长征一号"。1965年10月,在第一颗人造卫星总体方案论证会上,明确了中国第一颗卫星在技术上要比苏联和美国的第一颗卫星先进。这颗具有浓厚政治色彩的卫星入轨后,一定要"抓得住、看得见、听得到"。

所谓"抓得住"是对卫星地面测控网提出的要求。卫星上天后，地面要及时跟踪上，不能丢失。卫星测控网工程从1967年开始建设，它包括渭南测控中心(后移至西安)以及酒泉、湘西、南宁、昆明、海南、胶东和喀什7个测量站。这个低轨道观测网，可以用雷达实施对卫星的捕获、跟踪、测轨，进行数据处理、轨道计算、轨道预报。由于卫星每次飞越国土的时间只有短短的十几分钟，因此测控网的任务是很艰巨的。

所谓"看得见"，就是要求人们在地面上用肉眼就能看到中国的第一星。由于卫星的直径只有1米，在太空中的亮度只相当于一颗6等星，站在地球上的人与之相距几百千米，很难看见它。科学家为此动足了脑筋，利用与卫星同行的末级火箭，在上面加了一个"观测裙"作为替身，使其自旋展开成面积为40平方米的球体，亮度提高到2~3等星。这样，在晴天的夜晚，地面上的人就能看到在星空中移动的这个亮点，实现了"看得见"。

所谓"听得到"，就是要全世界的人都能听到卫星上播送的《东方红》乐曲。为此，在卫星上安装了乐曲发生和发送系统。当时一般收音机在频率和灵敏度上，都不能直接收听到卫星发送的音乐。因此，中央人民广播电台将特别收到的乐曲再转播出去，使全国乃至全世界都能用一般收音机收听得到。

历经4年的努力，中国第一颗人造卫星"东方红一号"和它的运载火箭"长征一号"于1970年4月1日被运到酒泉卫星发射中心，进入发射状态。

4月24日，发射中心风和日丽，春风拂面，人们精神抖擞，期待着第一颗卫星上天。卫星预定在晚上9点30分左右发射。

当天上午，完成了火箭第一、二级加注推进剂，紧接着卫星和火箭进入发射前8小时准备工作程序。下午3点50分，周恩来总理电告国防科委罗舜初副主任：毛泽东主席已批准这次发射。希望大家鼓足干劲，过细地做工作，要一次成功，为祖国争光。

到晚上 8 点多钟时,发射场上空的云层还显得很低,看不见天上的星星。9 点钟刚过,云层渐退,天幕徐徐拉开,群星闪烁着、微笑着,正在迎接中国第一颗卫星上天。

在下达"30 分钟准备"口令后,发射架上和场坪上的工作人员撤离到指定的疏散地点。在临近发射的时刻,人们默念着总理刚发来的指示:"关键是工作要准确,不要慌张,要沉着,要谨慎。"时间在一分、一秒地过去,离发射时间只有 20 分钟、15 分钟、10 分钟、5 分钟,发射场区万籁俱寂,脐带塔上灯火通明,周围的聚光灯把场坪照得如同白昼一般,载着卫星的运载火箭矗立在发射架上。

发射时刻终于到了。指挥员下达了"1 分钟准备"口令,15 秒钟后,发出"牵动"口令,地面各种记录设备开动起来。又过了 30 秒钟,发出"开拍"口令,地面光学记录设备开始工作。当计数器上出现"0"字的时候,指挥员即刻发出了洪亮的"点火"命令,操作员果断地按下了点火开关。只见火箭发动机喷出一股巨大的橘红色火焰,气流翻滚腾跃,以排山倒海之势,把导流槽中的冰块冲出四五百米远。火箭在震耳欲聋的隆隆声中离开发射架,徐徐上升,越飞越快,带着卫星直冲云霄,向深邃的太空飞去。发射场区的各种地面测控设备紧紧跟踪着火箭,各观测站不断地向指挥中心报告"跟踪目标"、"跟踪良好",地面遥测系统报告"飞行正常"。9 点 48 分,终于传来"星箭分离、卫星入轨"的喜讯,人们顿时沸腾起来,尽情地欢呼、跳跃,有的激动得热泪盈眶。随即,发射场坪上召开了庆祝大会,钱学森和发射基地的领导人及试验队的代表,发表了热情洋溢的讲话,热烈庆祝第一颗人造卫星发射成功(图 10-3)。

晚上 9 点 50 分,中央人民广播电台收到了卫星播送的《东方红》乐曲,声音清晰洪亮。中华民族古老而美丽的飞天梦,终于在我们一代变为现实。它标志着中国成为世界上继苏、美、法、日四国之后,第五个靠自己的力量发射人造卫星的国家。

晚上 10 点整,国防科委指挥所向周总理报告:运载火箭一、二、

图 10-3　太空中的"东方红一号"卫星

三级工作正常,卫星与火箭分离正常,卫星入轨了!总理高兴地说:准备庆贺!他立即向毛主席报告了这一喜讯。

当晚,总理登上飞机前往广州,参加由越南南北双方、老挝、柬埔寨领导人召开的"三国四方会议"。第二天,总理高兴地向会议宣布:"为了庆祝这次会议成功,我给你们带来了中国人民的一个礼物,这就是昨天中国成功地发射了第一颗人造地球卫星。中国人造地球卫星的上天,是中国人民的胜利,也是我们大家的胜利。"

第二天下午,新华社向全世界发布了中国成功发射第一颗人造地球卫星的新闻公报,各国通讯社驻华记者纷纷以急电或特急电向本国报道这一重大新闻,引起世界的瞩目。喜讯传遍全国,城乡一片欢腾。人们像庆祝盛大节日一样,敲锣打鼓拥向街头,燃放鞭炮,载歌载舞,庆祝中国航天科技取得的这一重大胜利。

4月25日晚8点29分,卫星飞经北京上空时,首都人民怀着喜悦的心情争相观看它的身影。

4月28日晚,卫星飞经香港上空,人们带着收音机、指南针、望

远镜,扶老携幼,成群结队地拥到山头、高地、海滩,屏息聆听从太空传回的《东方红》乐曲,极目仰望那颗眨着眼睛的中国人造卫星。

卫星成功遨游太空,为中国欢庆 20 世纪 70 年代第一个"五一"国际劳动节增添了新的光彩。毛主席、周总理等国家领导人,在节日的天安门城楼上,亲切地接见了参加研制和发射第一颗卫星的代表,表示了对航天战线全体人员的关怀和鼓励。

"东方红一号"卫星的运行轨道,距地球最近点的高度为 439 千米,最远点的高度为 2384 千米,轨道平面和地球赤道平面的夹角为 68.5°。卫星每 114 分钟绕地球一圈。星上能源系统和各种仪器性能稳定,工作正常。卫星重量为 173 千克,超过苏、美、法、日四国第一颗人造卫星重量的总和。同时,在卫星跟踪手段、信号传递形式、星上稳控系统等技术领域,都超过了这些国家第一颗卫星的水平。

卫星在太空中正常工作了整整 28 天,超过了原定 20 天的设计寿命。

第一颗人造卫星的成功,在中国航天史上具有划时代的意义,成为中国发展航天技术的一个良好开端。

火箭卫星齐高飞

在"长征一号"火箭的基础上,中国花了约 20 年的时间,研制出以"长征"命名的系列运载火箭,包括四个大类的 12 个品种,成为一个名副其实的火箭大家族。

如果说"长征一号"意味着多级火箭技术的突破,那么"长征二号"为返回式卫星发射作出了卓越贡献,"长征三号"表明中国已具有发射地球同步轨道卫星的能力,"长征四号"则填补了中国发射太阳同步轨道卫星的空白。

"长征一号"是在中远程导弹的基础上研制出来的三级运载火箭,率先把中国第一颗人造卫星送上太空。"长征二号"是为发射低轨道重型卫星,以远程导弹为原型研制的二级运载火箭,能把 1.8

吨重的卫星送入数百千米高的椭圆形轨道。除首次发射失败外，从1975年以来每发均获成功。它的改进型"长征二号丙"和"长征二号丁"，为圆满发射中国各类遥感卫星和美国"铱"卫星立下新功。

为了发射重型卫星和宇宙飞船，在"长征二号"的基础上，采用捆绑4个助推火箭发动机，形成了"长征二号捆"和"长征二号F"（图10-4）两种大推力的运载火箭，先后为发射卫星和"神舟号"飞船立下了汗马功劳。

"长征三号"是在"长征二号"基础上发展起来的三级液体火箭。它最突出的特点，是在第三级上采用了低温高能的液氢液氧发动机。液氢和液氧的沸点都在零下一二百摄氏度，十分易燃易爆，给生产、贮存、运输及使用带来一系列复杂的技术问题。经过10年攻关，1984年4月8日，"长征三号"火箭终于将"东方红二号"试验通信卫星送入地球同步转移轨道。"长征三号"火箭的发射成功，使中国成为继美国和法国之后世界上第三个使用低温高能燃料火箭技术的国家，继美国之后第二个掌握在高空低重力条件下发动机两次点火技术的国家，以及继美国、苏联、法国和日本之后第五个能独立发射地球静止卫星的国家，从而在赶

图10-4　"长征二号F"运载火箭

超世界航天先进技术上大大向前跨了一步。后来，又在"长征三号"的基础上，改进成功"长征三号甲"（加长贮箱）、"长征三号乙"（捆绑4个助推火箭）和"长征三号丙"，大大提高了火箭的运载能力，适应了发射特重卫星及一箭多星的需求。

"长征四号"火箭的表现也毫不逊色，它是一种全用常温燃料作推进剂的三级火箭（图10-5）。从1988年发射"风云一号"气象卫星开始，至今每发皆获成功，将多颗气象卫

图10-5 "长征四号"运载火箭发射

星、资源卫星、导航卫星、海洋卫星、返回式遥感卫星、科研小卫星等送入太阳同步轨道，造福人类。

随着改革开放步伐的加快，我国航天事业也得到了持续快速的发展。特别值得指出的是，从1996年10月20日"长征二号丁"火箭圆满地把第17颗返回式卫星送上太空以来，"长征号"系列运载火箭已经连续发射成功而无一失败，充分显示了中国航天科技的实力。

30多年来，"长征号"系列运载火箭经历了从常温推进剂到低温高能推进剂、从纵向串联到纵横向串并联、从一箭单星到一箭多

星、从发射卫星到发射飞船的技术征程,具备了发射低、中、高不同轨道,不同航天器的能力。12 种长征火箭分别从酒泉、西昌和太原发射中心起飞,前后总计超过 100 多次航天发射,共把 80 多颗不同类型的国产卫星、约 30 颗国外制造的卫星和 6 艘"神舟号"飞船送入了太空预定轨道。所有这些航天器,都为人类开发利用空间资源作出了贡献。

"长征号"系列运载火箭的发射成功率目前已达到 90%,充分展示了其性能的稳定和高可靠性。根据国际航天界通行的计算标准,运载火箭发射成功率达 90%,即进入了国际一流水平。这就等于向世人宣告,"长征号"运载火箭已经跻身于国际一流运载火箭的行列。就世界著名运载火箭发射成功率来说,美国的"德尔塔号"约为 94%,欧洲空间局的"阿里安号"约为 93%,俄罗斯的"质子号"约为 90%。由此可见,拥有中国自主知识产权的长征运载火箭,不愧为国际航天商业发射市场上有竞争力的名牌产品,足以令全体炎黄子孙骄傲与自豪。

"长征号"系列火箭目前正朝实现自身的通用化、提高可靠性、燃料安全无毒化等方向不断努力。具有世界先进水平的新一代运载火箭,可望在 2010 年问世,以满足未来 30 年乃至更长时间内发射大型卫星、月球探测器等空间探测设施的需要。

自从 1970 年 4 月 24 日"长征一号"将我国第一颗人造地球卫星"东方红一号"送上太空以来,我国已经拥有一个卫星的大家族。它包括科学技术试验卫星、返回式遥感卫星、通信广播卫星、气象卫星、测量大气密度的气球卫星、中国和巴西共同研制的地球资源卫星、中国资源卫星、北斗导航卫星、海洋卫星、育种卫星、微小科学卫星及地球空间双星探测计划中的"探测号"卫星等(图 10-6)。这些在太空铸就的辉煌,不仅体现了中国的综合国力和科技水平,而且在开发利用空间资源、促进国民经济发展、提高人民生活质量和开展科研活动方面发挥了重大作用,产生了广泛的社会经济效益。

图 10-6 中国的人造卫星系列

人类已经进入 21 世纪，我们面临的不仅是新的机遇，更是新的挑战。无论是发达国家，还是发展中国家，大多面临着人口与资源、环境与灾害、通信与交通、教育与文化的世纪难题。全球范围内的贫富悬殊、南北差距加大、资源渐趋枯竭、生存空间不足等问题日益突出。人类迫切需要扩展新的活动空间，开发利用新的资源，实现可持续发展。大力发展卫星技术及其应用，对解决这些问题将具有不可替代的作用。

"载人""探月"路宽广

中国是世界大国，应当对人类有较大的贡献。

其实早在 1970 年，中国就制订了发展载人飞船的计划，准备 1973 年底将第一艘"曙光一号"飞船发射升空，取名"814 工程"。但因当时条件极不具备，工程于 1975 年下马，"曙光号"飞船最终尘封在科学家的设想和草图中。

1986 年 3 月，邓小平在四位老专家的一份建议报告上批示，要迅速组织制订高技术发展计划。这就是有名的"863 计划",全称"高技术研究发展计划纲要"。

在这个计划中共列出七个发展领域,其中第二个就是航天。航天领域有两大主题项目,都与载人航天(图 10-7)有关:一是大型运载火箭和天地往返运输系统,二是空间站系统及其应用。当时中国已是航天大国,理应适时进入载人航天这一新领域。鉴于中国还是一个发展中国家,从技术基础、研制费用等多方面的因素考虑,决定充分利用中国在航天领域已有的成熟技术,从飞船起步发展载人航天事业。

1992 年 8 月 1 日,党中央在听取有关专家的论证汇报后决定:"载人航天是航天技术的重要组成部分,也是当今世界高科技的一个重要发展领域。为了增强综合国力和国防实力,促进科技进步,培养壮大科技队伍,提高民族自豪感和凝聚力,我们必须在这一领域占有一席之地。"

1992 年 9 月 21 日,江泽民同志主持召开了扩大的中央政治局常委会议,听取了载人航天工程的论证报告和技术方案、经费估算、组织实施办法的汇报,最后一致批准中国载人航天工程开始实施。江泽民在会上说,发展载人航天,这是件大事,大家同意,我完全同意,要下决心搞。1961 年苏联第一个载人,美国是 1962 年。1957 年苏联第一颗卫星上天,美国人马上就总结经验,说美国技术落后了,要赶上来。搞这个在政治、经济、科技、军事上都有意义,是综合国力

图 10-7　中国首批
航天员的签名信封

的标志。因此，建议静静地、坚持不懈地、锲而不舍地去搞。除了中央专委外，具体的要有个班子，经常研究些大问题。要抓紧，抓而不紧等于不抓。多方面综合些实力，静悄悄地搞。今天我们就作这样一个决策，发展我们自己的载人航天。

中国载人航天，从此掀开了崭新的一页。这个载人航天工程将分三步走：

第一步，发射无人和载人飞船，建成初步配套的试验性载人飞船工程，开展空间应用实验。

第二步，在第一艘载人飞船发射成功后，突破载人飞船和空间飞行器（如轨道舱）的交会对接技术（图 10-8），并利用载人飞船技术改装、发射一个空间实验室，解决有一定规模的、短期有人照料的空间应用问题（图 10-9）。

第三步，建造空间站，解决有较大规模的、长期有人照料的空间应用问题（图 10-10）。

这就是宏伟的"921工程"。

整个工程包括了七大系统：航天员、飞船应用、载人飞船、运载火箭、发射场、测控通信和着陆场。

载人航天工程是一种综合国力的体现，又是一个巨大的系统工程。在全国各行各业的大力支持下，经过研制队伍的艰

图 10-8　载人飞船和其他空间飞行器在太空中交会对接

图 10-9 中国的
空间实验室构想图

图 10-10 中国空间站构想图

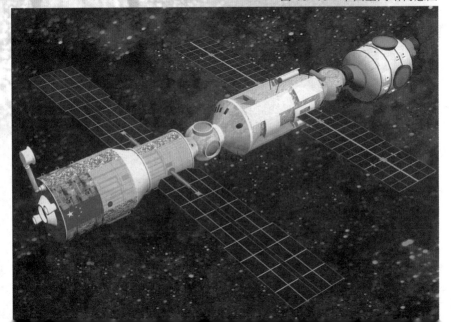

苦努力,1995年完成了方案设计,1998年完成了初样研制,从1999年开始进入无人飞船飞行试验,先后成功发射和回收了"神舟一号"至"神舟四号"4艘试验飞船。2003年,"神舟五号"终于实现了中国人登天的梦想。

"神舟号"飞船每次飞行成功,都极大地振奋了民族精神,在海内外产生了巨大的影响。飞船上完成的动植物、微生物、微重力和材料等试验,对带动中国的多学科发展产生了积极而深远的影响。飞船的轨道舱在留轨期间,在太空中开展了空间环境监测、对地遥感观测等一系列空间科学实验,获得了一大批有价值的科学数据。

中国在进行载人航天工程的同时,也开始了深空探测工作。2004年,正式启动了以"嫦娥工程"命名的探月计划。

其实早在1994年,中国航天科技工作者就进行了探月活动的必要性和可行性研究,1996年完成了探月卫星的技术方案研究,1998年完成了卫星关键技术研究,以后又开展了深化论证工作。经

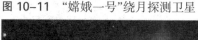

图 10-11 "嫦娥一号"绕月探测卫星

过 10 年的酝酿,最终确定我国整个探月工程分为"绕"、"落"、"回"三期。

第一期绕月工程是在 2007 年发射探月卫星"嫦娥一号"(图 10-11),对月球表面环境、地貌、地形、地质构造与物理场进行探测。

第二期工程时间定

图 10-12 中国月球车构想图

为 2012 年前后,目标是研制和发射航天器,以软着陆的方式降落到月球上进行探测。具体方案是用安全降落到月面上的巡视车和自动机器人探测着陆区岩石与矿物成分,测定着陆点的热流和周围环境,进行高分辨率摄影和月岩的现场探测和取样分析,为以后建立月球基地的选址提供月面的化学与物理参数。

第三期工程时间定在 2017 年前后,目标是月面巡视勘察与取样返回。其中前期主要是研制和发射新型软着陆月球巡视车,对着陆区进行巡视勘察。后期即 2015 年以后,研制和发射小型取样返回舱、月面钻岩机、月面取样器、机器人操作臂等,采集关键性样品返回地球,对着陆区进行考察,为下一步载人登月、建立月球前哨站的选址工作提供数据资料。(图 10-12)

"嫦娥工程"的实施将使我国航天技术迈上一个新台阶,中国人登上月球的日子应该不会太远了。

图书在版编目(CIP)数据

逐鹿太空:航天技术的崛起与今日态势/李必光著.—上海:上海科技教育出版社,2007.10(2023.8重印)

(嫦娥书系;1/欧阳自远主编)

ISBN 978-7-5428-4111-7

Ⅰ.逐… Ⅱ.李… Ⅲ.航天—技术—普及读物 Ⅳ.V52-49

中国版本图书馆CIP数据核字(2007)第132510号

嫦娥书系

欧阳自远 主编

逐鹿太空 航天技术的崛起与今日态势

李必光 著

丛书策划	卞毓麟
责任编辑	卞毓麟
装帧设计	汤世梁

出版发行 上海科技教育出版社有限公司

（上海市闵行区号景路159弄A座8楼　邮政编码201101）

网	址	www.sste.com　www.ewen.cc
经	销	各地新华书店
印	刷	天津旭丰源印刷有限公司
开	本	890 × 1240　1/32
字	数	150 000
印	张	6
版	次	2007年10月第1版
印	次	2023年8月第3次印刷
书	号	ISBN 978-7-5428-4111-7/P·12
定	价	39.80元